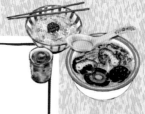

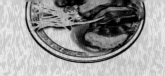

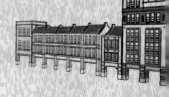

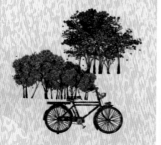

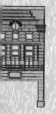

魚夫人間味

邊吃邊說四十年

魚夫——著

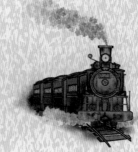

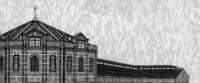

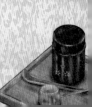

序
尋覓臺北人間味

從前臺南有位總鋪師阿利，他被屏東的林家請來當宗族裡的做菜教學師傅，這家族很大，日本時代繳稅在五十名以內者，宗族裡就有兩位，實力也算是相當堅強了。

我的祖父就是這個家族中人，他學會了阿利師的本事，後來家道中落，只好擺攤賣起師父教的米苔目、鹹粥等，當時父親已經娶妻，母親大人身為長媳，乃得挽起袖子來幫公公的忙，但是小吃攤的生意沖沖滾，後來竟得延請原住民來幫忙。

母親傳承了祖父的手路，讓我的人生增添了許多家庭美食的享受，然而父親並沒有走油湯一行，但天生就是個食食通，也不知到底去哪裡學會了烹調之道，他不只大江南北很多菜都會做，而且隱藏在巷子內的美味，都難逃他的法眼，我小時候跟他一起去外食，總是印象深刻，長成後，還會回頭去找當時的腳跡。

若論美食家，我實不如父親，更不如弟弟。舍弟繼承了父親的能力，不管是哪家餐廳的招牌菜，他只消瞧一眼、嘗一口，回來便能如法泡製出來。父親與弟弟後來還曾為了荷包蛋到底用尖底鍋或平底鍋來煎才會圓，居然央我當裁判，買了一籠雞蛋來場巖流島似劍道對決，一較高下。

老實說，相較於父親與弟弟，我根本算不上美食家，不但君子遠庖廚不會做菜，也沒潤嘴可吃四方，我的自我定位比較接近是美食評論家。有些人說我到處吃吃去，怎麼吃不胖？那是因為我根本就是少量多餐，而且太挑食，遇見拙劣的料理，淺嘗即止，更常拂袖而去。不過，其實我根本不只是為了味道而來，而是為了那道食物的背後故事。

日語有個名詞叫「人間味」，如果直譯就是人情味，但我不是來找人情味而已，或者說所有的人間味都是我追尋的。

這本書記錄了我從一九八〇年到今天的臺北飲食故事，總計四十年，其中後十年雖然因為我移民臺南，但每個月南來北往，尋覓臺北人間味從不間斷。

四十年的味道，已然不是好不好吃而已，比如我從早就消失的中華商場談起，並且儘量把從前商場內的著名店家現址再挖了出來，滋味之外，也試圖在文字與影像之間復原一個時代的氛圍，這就是所謂的人味，莎士比亞有句名言：「To be, or not to be.」，存在的與消失者之間，我試圖要找出某種連結來。

來到臺北的第二年，大學期間，便因繪畫專長進入媒體，由於報社位在臺北西區的大理街，不但臨近中華商場，騎部摩托車，直驅艋舺、大稻埕都很近，乃自此遍嘗市井小民的飲食文化，後來轉戰位於濟南路的《自立晚報》，一九八八年我又在美食一級戰區的麗水街開設了「魚夫家飯」，由舍弟擔任主廚，我家婧某管外場，咱這家餐廳常常大排長龍，也讓我進一步了解經營餐飲業的甘苦，更明白臺北做吃的委實大不易。

當然，後來進入電視媒體擔任要職，開闢了吃喝玩樂的節目，四界抛抛走，臺北的味道更是深入其中，隨著年齡的增長，見識廣了，吃多了，乃靜下心來，開始整理我的人間味。

所以副書名取為「邊吃邊說四十年」，這不是煮食教學，不只是美食指南，每一家被我挑出來描寫者，都有背後的精采故事，適宜拿著這本書，邊吃邊看，吃完，不只肚子飽了，精神也很充足了。

若論我一生中難忘的人間味，那便是父母的手藝了，因為其間羼入濃郁的親情。只可惜父親早已駕鶴西歸，母親則年事已高，煮不動了，真是人間一大憾事，因此諸如此類的滋味一定要謹記在心。這本書要記的，也就是這些人間味了。

目錄

第2個十年
三十而探訪

第3個十年

四十而追尋

第4個十年

五十而回味

第1個十年

二十而邂逅

初嘗臺北的高貴

西門町鴨肉扁

大抵從中南部，像我這種四、五年級生，初來臺北都曾經有被不便宜的物價嚇一跳的經驗。

母親大人說，她曾經聽聞村子裡有位婦女到臺北來尋親，一出火車站因為天氣炎熱，見人叫賣西瓜，便點來一盤，算帳時，聽店家報價，眼淚馬上掉了下來，這不只貴得咋舌，還貴得叫人心痛。

朋友聽聞我轉述這則故事，也來分享他的經驗，說年輕時到臺北玩，搭火車到臺北，當時站前有許多攤販，因為飢腸轆轆，便就近解決，哪知那一餐花掉了他大部分的盤纏，不得已，回程只好搭公路慢車，慢慢的「凸倒轉去」。

這位朋友所說的站前小吃，是因為戰後許多中國來臺求生存者，趁亂於站前蓋起的一大片違章，為了自力更生，便賣起了各省分的燒餅、油條、豆漿、水餃、鍋貼、酸辣湯等，至於火車站往西的西門町中華商場，則是一九四九年國民黨政府撤退來臺後，暫時性安排難民（或稱「榮民」）的所在，再經改建而出現

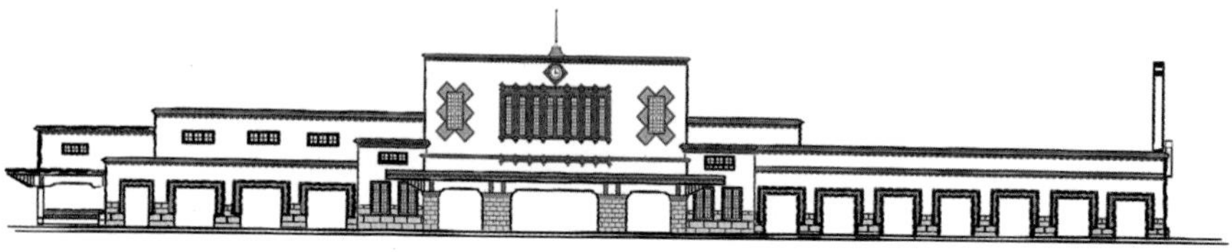

的八連棟新建築。

我聽聞美食作家焦桐有則故事，一九八〇年他以關懷瑞芳礦災家屬，所創作的新詩〈懷孕的阿順嫂〉，榮獲時報文學獎，領了獎金四萬元，當下馬上到西門町的「鴨肉扁」吃三碗鵝肉，如此吃吃喝喝，一個月就把獎金花完了。

焦桐拿獎金來吃「鴨肉扁」那一年，我剛上大學，從南部來臺北，因為學校規定制服必須配領帶，打探消息一番後，知道去中華商場貨色最多，也最便宜，乃動身前往，也在西門町遇見了「鴨肉扁」，走了進去，也沒注意菜單，只發現原來賣的不是鴨肉而是鵝肉，遂食指大動，點來一碗麵一盤肉，算帳時，雖然眼淚沒掉下來，但買領帶的錢已經不夠了，只好擇日再來。

老實講，後來才知道當時的鴨肉扁係臺北的美食名店，從一九五〇年代就開業了，本來也有賣鴨肉，但鵝肉卻較受臺北人歡迎，索性專賣起鵝肉，進得店裡，

就是點麵、米粉和鵝肉切盤等，滋味甚美，我因貪食吃多了，難免要付出代價，只是後來再去鴨肉扁，其實也沒覺得那麼貴，可能是初來臺北，給南北物價差異太大所震驚了吧？

然而也自此見識了西門商圈，尤其是中華商場，那本來是隨著國民黨政府撤退來臺後，政府權宜沿著行經中華路的鐵路東側，搭建三列臨時性質的竹棚，低價出租供居民暫住且擺攤維持生計，只是因為環境髒亂，有如貧民窟，乃於一九六一年改建成一長串排列的八座三層樓水泥建築，且命名為「中華商場」。

中華商場裡的店家無奇不有，各省小吃更是豐富，我從此經常穿梭其間，一家家的去享用各省美味，有一回，看見一群人圍攏起來聊天，南腔北調，居然溝通無礙，講臺語嘛也通，真是令人嘖嘖稱奇！

美味店家

鴨肉扁土鵝專賣店

地址：108 臺北市萬華區中華路一段 98 之 2 號
電話： (02)2371-3918

跟著魚夫漫遊

中華商場美食

挑嘴的罪魁禍首

一九八〇年我二十歲考上大學，臺北城初來乍到，沒見過像中華商場八連棟這麼龐大的熱鬧商街，這裡有來自全中國最多的外省食物，不但大開眼界，也像劉姥姥進大觀園，但見美味，乃排闥而入，久而久之，逐漸變得很挑食。

中華商場在一九六一年的四月二十二日落成啟用，全長八連棟，每棟樓高三層，範圍北起忠孝西路，沿中華路南至愛國東路，以「八德」為名，分別為忠、孝、仁、愛、信、義、和、平棟，總長一一七一公尺，容納一六四四個租戶，是當時臺灣最大規模的商場，琳瑯滿目的商品幾乎想買什麼就有什麼，也是最多外省美食聚集的所在，雖然在一九九二年全線拆除，但許多回憶仍深藏在四、五年級生的心底。當年無網路，記憶中的店家想找得回來，僅能靠口耳相傳，想來那個時候以信（五）、義（六）、和（七）三棟最多美食商家，著名者諸如義棟的徐州啥鍋，因為傳有葛香亭與葛小寶父子兩人當股東，所以名氣響亮。這一味其實是一種雞絲燕麥粥，用大骨、老油雞或九斤熬製高湯，再羼入小薏米、

燕麥和漢藥祕方等炕上十幾個鐘頭，端上桌時，再淋上麻油，風味愈發香醇。很遺憾，這一家本來搬到延平南路另起爐灶，後來居然永久停業，高雄一度也出現一家徐州啥鍋……啥？也停業了嗎？嗚呼哀哉，味道難不成要永遠封存了？

記憶中，中華商場其實是外省食物大江南北的大集結。諸如老夏的水餃、山西的小吃店、致美樓、其中老陸餡餅位在義棟的樓梯間，專賣餡餅和小米粥；緊臨義棟的長沙街口，在入夜九點後，有炸豬排和下酒的小菜；清真館不賣豬肉，所以要點牛肉蒸餃，一口咬下，在嘴裡爆漿，甚是幸福，又有羊雜湯，做得全無半點腥味，離開時，要是意猶未盡，還可以包幾個馬蹄燒餅夾醬牛肉等；有家蘭記小吃，賣的是江浙口味的餛飩湯、炒年糕、炒豆苗等；上大人的酒釀湯圓和粽子，他們家的湯圓皮薄如紙，可以看穿裡面的芝麻內餡，這一味如今似乎還有傳人

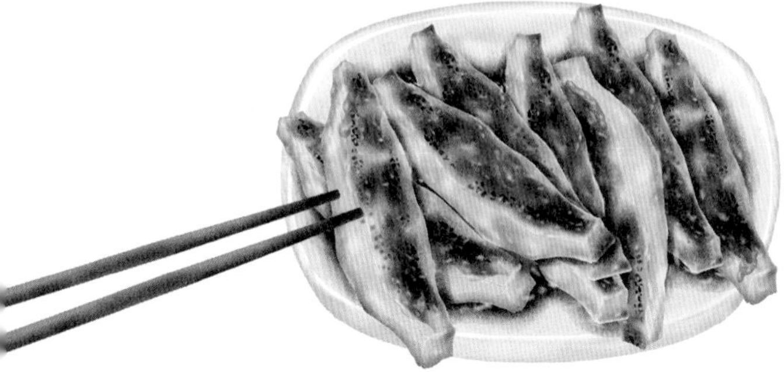

在復刻中；在「和」（第七棟）還有孫家的小籠包、牛肉燴火燒以及山東餃子館的山東燒雞和餃子館，餃子館裡有位跑堂的偶而還會落兩句字正腔圓的英文來，饒富趣味；在最後「平」棟裡，還有河南煎油餅、綠豆丸子等，這些店家就像重新回頭找初戀的情人，當年的樣子不變形者幾希？所以上述的餐館大致消失了，不過也有風韻猶存者。

原中華商場的名店「真北平」現在搬到寧波東街營業，原來在義棟二樓，點心世界的樓上，招牌是北平烤鴨，片鴨之外，亦可二吃炒鴨架、三食銀芽炒鴨絲，至今大抵沒有走味。

「點心世界」大概是中華商場上招牌最響亮者之一了，許多人相約去逛鬧熱滾滾的西門町，都會約在點心世界前見，或先逛或先吃，進得店裡，跑堂來回穿梭，操外省口音大小聲吆喝著，生意沖沖滾，用餐時尤其人潮洶湧，先相準哪張桌子的客人用餐即將結束，搶著去站在一旁等待，這裡的桌子都用四十五度擺設，如此一來，滿座時才不會擁擠。

三大招牌是鍋貼、蒸餃和酸辣湯。鍋貼和日本弦月型煎餃不同，而是兩頭束了起來，像一葉扁舟，入口爆漿，餘韻繞梁；酸辣湯為了使滋味更為綿密，捨豆腐而採豆腐腦，再以雞血與冬粉混煮，酸酸辣辣，嘗來印象深刻，其他像和菜玳瑁，用荷葉餅包進京醬肉絲，張大嘴，咬一大口，也是不亦樂乎的啦！夏天時點來一杯冰豆漿，心涼脾肚開自不再話下。

中華商場拆除後，點心世界搬來搬去，一度出現在寶慶路遠東百貨美食街，後來又遷至信義誠品，再來又聽聞老闆全家移民了，最後是在臺北火車站二樓微風食尚中心，店號為：「小南門點心世界」，感覺上是嶄新的一家店了。不過現

在二十歲的年輕人，對中華商場的那些滋味或許不了解，但其基因應該散布到臺灣每個角落去而繼續存在吧？

美味店家

小南門點心世界

地址：臺北市中正區北平西路 3 號（微風臺北車站）
電話：(02)2389-3029

真北平餐廳

地址：臺北市中正區寧波東街 1 號
電話：(02)2396-9611

跟著魚夫漫遊

吃巧吃飽拉鋸戰

溫州大餛飩之家

一九八二年我進入《中國時報》工作，隔年該報在中華路上有棟廣告部大樓重建完成，大樓正對面是中華商場，其中第四棟時就正對中時，商場內有家「溫州大餛飩」，像我這種從中南部來臺北發展的人，大抵沒見過扁食像他們家那麼大一顆的，而且便宜又大碗。

如今來去中國很方便，方知原來溫州的餛飩原型其實呈小巧皮薄而餡多。據聞在二十世紀三〇年代，由一位名叫陳立標的開始挑擔叫賣，他長得人高馬大，地方上乃呼為「長人餛飩」，其形有如臺灣古早的扁食模樣，那為什麼來臺灣卻長成大個子？

我去基隆時，發現餛飩也是特大一個，聽聞基隆在地的文史工作者說，因為大約在日治時期的一九三〇年代，日人招募大批溫州人來基隆、金瓜石採礦，或當碼頭工人，戰後，除了湧進大量的各省中國人外，一九五五年大陳島大撤退，基隆又移來不少的浙江人，當然也衝擊了基隆的飲食文化。

餛飩小巧皮薄固然美味，然而勞力工作者要的食物是食飽不食巧的，在基隆，燒賣甚且也和餛飩一樣，都是好大一顆，CP值高才能受歡迎，所以推斷溫州大餛飩應是溫州人的第二、三代來臺北闖蕩出來的。

不過餛飩要是長大了，皮就得厚才耐煮，現在散落城內的許多溫州大餛飩愈做愈大，皮也愈做愈厚，從前有家溫州餛飩還跑到桃源街去和上海菜肉餛飩大車拚，那菜肉餛飩我光用眼睛看就七分飽了，豈知大碗十大粒，居然有位白眉鶴髮的食神點來大碗，呼嚕呼嚕吃到碗底見光、清潔溜溜！溫州大餛飩乃敗北遷走。

可見大不一定有優勢，我記憶中那第一碗初めて（初見面）的中華商場溫州大餛飩後來在萬華區找回來了，自家製薄皮、溫體前腿肉無硬筋，形大而有所節制，遮莫不就是那古早原味嗎？這一碗吃得我心花怒放，記憶中華商場那熙來攘往、人聲鼎沸也彷彿在耳際響起了！

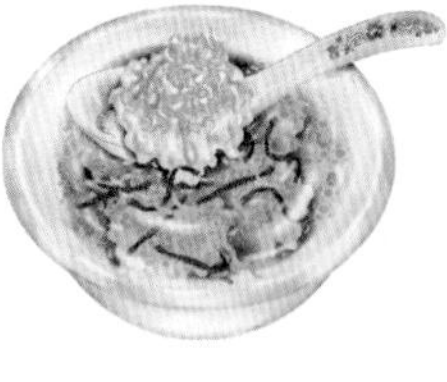

美味店家

原中華商場溫州大餛飩之家
地址：臺北市萬華區西寧南路 63-3 號
電話：(02)2382-2853

跟著魚夫漫遊

張記韭菜水煎包

飄香的一七四號

現在中華路的臺北文獻館，在日治時期其實是一九三四年完工的「西本願寺」，當時的規模很大，戰後為理教公所、軍方、警備總部第二處、聯勤被服廠、反共救國軍及自大陳島撤退來臺的軍民所據，宛如大雜院，一九七五年本堂焚毀後，環境更是凌亂。

為安置隨國民黨政府敗退逃難來臺的百姓，蔣介石曾下令中華路興建八連棟的中華商場，可是棲身在西本願寺和其周遭者卻仍然無人搭理，只能在木造或鐵皮屋裡生存，因為人愈住愈多，政府索性就地成立「中華新村」，大抵在西門圓環南側，由中華路、貴陽街、西寧南路及長沙街所圍成的街廓，占地一．三四公頃，三百四十一戶共用一個門牌：「中華路一七四號」。

為求生存，這裡的外省居民賣起了各式各樣

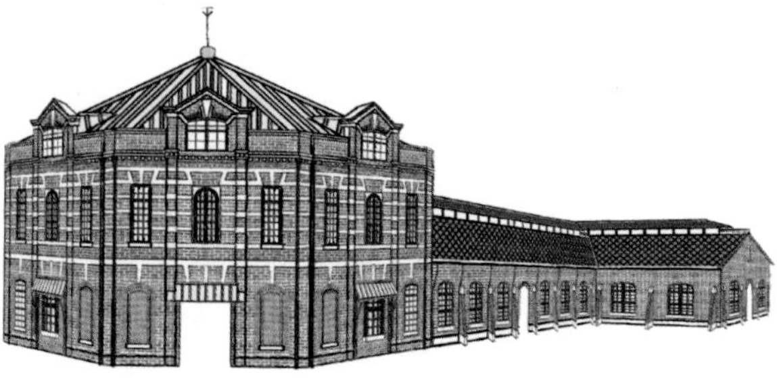

的外省菜。一九八二年我成了《中國時報》的專屬漫畫家，這份工作是晚飯後才到大理街的報社上班，有了空檔，從此中華路從北到南吃透透！

中華新村面中華路一方，在鐘樓之下有許多外省菜的店，至今想起，仍令人垂涎三尺，諸如趙記山東饅頭、張記韭菜水煎包、真好吃饅頭包子店、中華餡餅粥的「褡褳火燒」等，還有本來賣江浙砂鍋和上海「弄堂菜」的三友飯店（好像歇業了），與隔鄰品相差不多的「開開看」（還在），尚有一家刀削貓耳朵，光看師傅用鐵片削麵，射入熱騰騰的大鍋裡，就覺得一定很好吃，只可惜如今不知去向矣！

後來政府拆遷了中華新村的住戶，大家四散另起爐灶，其張記韭菜水煎包只往南遷移數十公尺，從前這家店的老闆張孝賢標榜用手拌扶起韭菜，拌製時，用手輕輕將菜料向上提撥，不可硬揉韭菜和內餡的蝦皮、蛋、與粉絲等，皮要老麵發酵，包裹成形後用麵粉水來煎，夏季天氣熱，煎至七分鐘即可，冬天則需費時十分鐘，火候要準確，才能煎出底部焦香的麵皮來。

張記的水煎包、綠豆麥仁粥、小菜是必點的組合，新址我又去光顧好幾回，還想著如何把從前那些店給吃了回來！

美味店家

張記韭菜水煎包

地址：臺北市萬華區中華路一段 200 號
電話：(02)2311-4719

跟著魚夫漫遊

趙記山東饅頭
更勝故里老鄉味

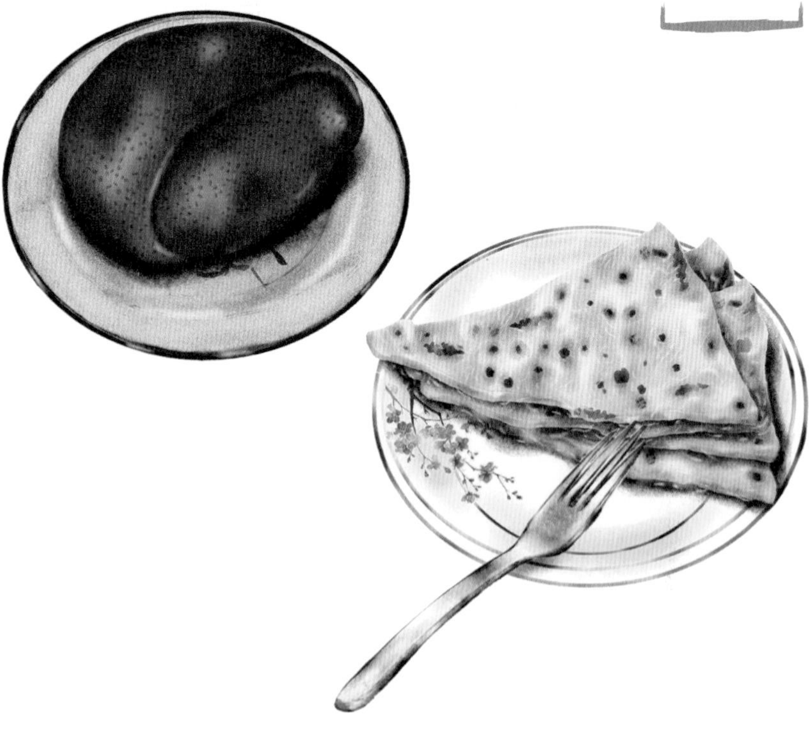

有一回去中國山東，第一餐侍者端出傳說中的山東饅頭，我們這一桌即刻人人流露出驚惶的表情來，大夥兒搶著拿饅頭來和臉比大小且拍照，真大得很驚人，可是食來很乾柴，一點都沒有臺灣山東饅頭那麼彈牙好吃！

近來專程到臺北的貴陽街，要把從前中華路上的「趙記山東饅頭」找回來。

趙記山東饅頭所在位置就是日治時期的西本願寺，戰後因為許多跟隨國民黨政府敗逃來臺的難民無處棲身，只好暫借日本人去樓空的西本願寺居住，後來人愈聚愈多，政府就順勢編列這一帶為中華新村，許多人為了養家活口，便做起了小生意，面對中華路一整排的美食商店就出現了，趙記的位置約在如今復原後的鐘樓下，靠近長沙街一側，從前中華商場還在時，即是隔著鐵路和第六棟（義棟）的「點心世界」與「真北平」相望，再往前看，就是「國軍英雄館」了。

當時像我這種念輔仁大學的學生，搭乘三重客運到臺北城來，最後得在「國軍英雄館」的中華路南站下車，要去別的地方再轉搭其他交通工具，對面中華商場的「點心世界」

也是老臺北人相約去逛西門町的集合處，當然，不妨先在點心世界吃些美食，或者到中華新村來買饅頭、蔥油餅和水煎包等等。

後來所謂的「中華新村」也在二〇〇五年被拆除了，現址成為臺北市文獻會所在，但許多臺北人的記憶也不完全被抹滅，第一代的趙洪大用傳統老麵發酵法把山東饅頭做活了，黑糖饅頭尤其令人印象深刻，食來舌尖感覺有焦香而微苦，再轉甘甜且頗富嚼勁，一整顆吃完也不覺得太甜太膩；蔥油餅則香氣誘人，口感綿密，放冷了仍然軟嫩可口，而這些山東手藝，居然一度面臨失傳！

趙洪大做了一輩子的饅頭，認為這一行實在太辛苦了，不想傳給兒子趙桓強，後來得了肺癌，兒子回來照顧他，醫療過程家中資產即耗盡，店裡所需的饅頭就去批人家的來賣，顧客當然也就離開了，兒子鼓起勇氣，求與父親學藝，求了兩三個月，父親才答應兒子要學就得全部用他的方法，否則就請把店給關了，這麼一來，父傳子藝，雖然從小耳濡目染，居然也得花個一年的時間才出師，老顧客才又紛紛回頭。

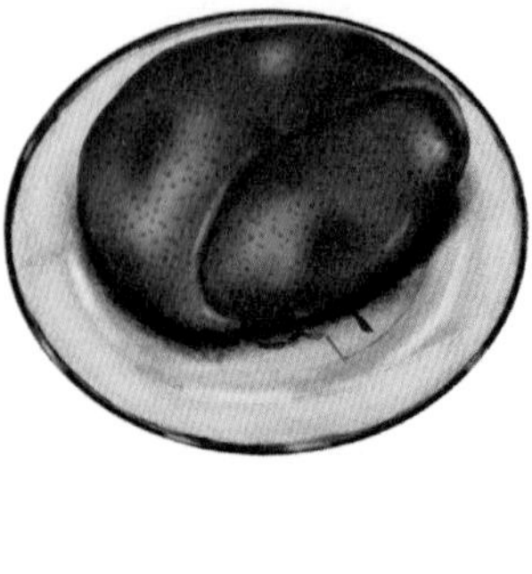

現在知味善嘗者拜網路之賜，找回第二代趙桓強貴陽街的店，招牌居然還和原來由左至右的文字排列一樣，電話也沒變，而品相可多了，早上去能買到者較為齊全，黑糖饅頭、蔥油餅外，諸如包三星蔥的花捲、大粒的特級黑糖饅頭、方形山東饅頭、全麥饅頭、芋頭饅頭、火燒、桂圓紅糖、酸菜包、芋泥包、豆沙包等，這些山東饅頭所衍化出來的美味，可怪也乎，我去了山東只遭遇大饅頭，其他饅頭種類或許無心查訪，反正那正港好吃的不就在臺灣嗎？

美味店家

趙記山東饅頭

地址：臺北市萬華區西寧南路 277 號
電話：(02)2371-3510

跟著魚夫漫遊

中華餡餅粥
褡褳火燒傳暖意

褡褳火燒其實跟一般的餡餅，只有形狀上的不同，不管內餡是牛或豬肉，也可同鍋煎，鋪好麵皮填入食材，再將麵皮兩面折上，另兩面不封口，又因表面不加芝麻，而取名火燒，且其外型很像古人背在肩上或綁在腰上的褡褳（錢包），所以便成了這一味名滿天下的褡褳火燒了。

據說褡褳火燒是在清光緒年間，出現在中國北京王府井一帶的小吃，由順義人姚春宣夫婦所經營，攢了些錢後，便到東安市場裡去開了家「瑞賓樓」，後來因為第二代不擅經營，店內的伙計羅虎祥、郝家瑞乃於一九三四年，取兩人名字中的一字，在前門門框胡同內別起爐灶，合組「祥瑞飯館」，生意鼎盛，不在話下。

臺灣普遍知道褡褳火燒，像我記憶中是在臺北中華路上人稱「大廟」的理教公所前的「中華餡餅粥」或仁愛路「都一處」初邂逅而來，點來一碟皮薄餡飽的褡褳，「呼呼呼」地吹冷咬上一大口，油汁在嘴裡爆開，再舀上一匙小米粥，無法張口說話，只能在心中大聲喊「爽」。

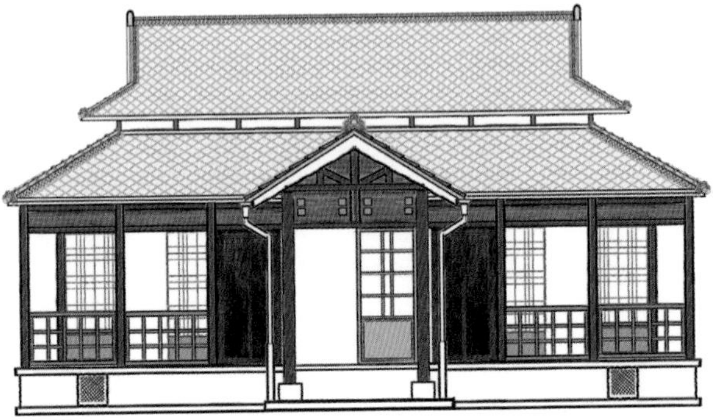

理教公所在日治時期係西本願寺，戰後輾轉衍變成第六軍團野戰醫院官舍和臺北交響樂團宿舍，加上早年逃難落戶的外省人龍蛇雜處，大約集中在長沙街到貴陽街的中華路旁，從一七四號到二二六號，五十幾個門牌，擠進三百多戶人家，不過因為外省美食齊聚，經常出現龐大的人龍，中華餡餅粥在「大廟」時代緊靠著張家水煎包，不過當年老闆陳世昌卻很年輕，留著一頭金髮，帥氣得不得了，還以為也是來西門町逛大街的，知道底細的人，原來他還是個本省人，賣的卻全是北方菜，他擀起包褡褳火燒的麵皮，中間鼓、兩邊薄，而

且又很扎實不易跛，包的過程裡，適時羼上蔥花和韭菜，不可以預先擱著再包，才不會發酸，手藝似乎盡得北方師傅真傳。

北方麵食當然要繼續傳承下去，只是大廟裡的店家現在都打散了，要費工夫去找回來，而在找尋的旅程裡，味道不變，但金髮變白髮，可也真有滄海桑田之歎啊！

美味店家

中華餡餅粥

地址：臺北市萬華區昆明街 211 號
電話：(02)2371-3417

阿宗麵線

立食成觀光地標

要說西門町的美食，阿宗麵線不可不提，一九七五年由林明宗創立，推著攤子和妻子在萬國戲院附近擺攤，連張凳子都沒有，大家都得學日本人那樣立食、站著吃。

歌手任賢齊在二〇〇〇年曾經發行一張《為愛走天涯》的唱片專輯，其中收錄了一首〈彩色西門町〉，歌曲的MV由徐仁峰執導，在西門町實地拍攝，影片走到二分〇八秒赫然出現阿宗身影，那是一張模糊的老照片，卻勾起許多人心中西門町的回憶。

阿宗原本是個導演，可是他的年代裡電影娛樂事業正在走下坡，他心想這樣下去，豈有前景可言？剛好他老婆認了一位專研小吃的乾爹廖朝桐，求得乾爹獨門麵線製作祕方，推出後果然大受歡迎，攤前大排長龍的景象竟成西門町一景！

後來因為生意太好，居然引來歹徒覬覦，勒索數百萬否則要餵他子彈。消息傳出，也真令人覺得太誇張了，小吃生意也能惹來這般的麻煩，二〇〇二年一月，媒體報導阿宗又接到恐嚇電話要價二十五萬，於是心情大受影響，夜裡

一邊喝酒一邊咬檳榔，不小心誤吞一顆而缺氧送醫，如此曲折的故事也真是匪夷所思。

第二代接班人是兒子林文忠，年輕世代找到了在西門町峨嵋街十二號之一的店面，後來又遷移至八號之一，現在去還是得站著吃，但我印象中並非如此，早期也提供四方形塑膠椅凳，只是人都坐到街道上去了，後來因為空間實在太小不得不撤走，這倒維持過去攤前立食的傳統，許多觀光客來也當這是一種「風俗」而樂得捧著一碗站著自拍！

因為阿宗麵線的名聲實在太響亮了，也曾獲邀在臺北火車站前的「希爾頓飯店」（今已改名凱薩飯店）裡設店，然而經營了五、六年，生意不賺不賠，決意收攤，然後再於微風廣場另起爐灶，聽說是由林文忠的妹妹林靜如主其事……

日人來臺曾票選阿宗麵線是臺北小吃美食第一名，到了這種地步，這一味好像不只是「美味しいですか？」的問題了，也算是一種臺北觀光地標了。

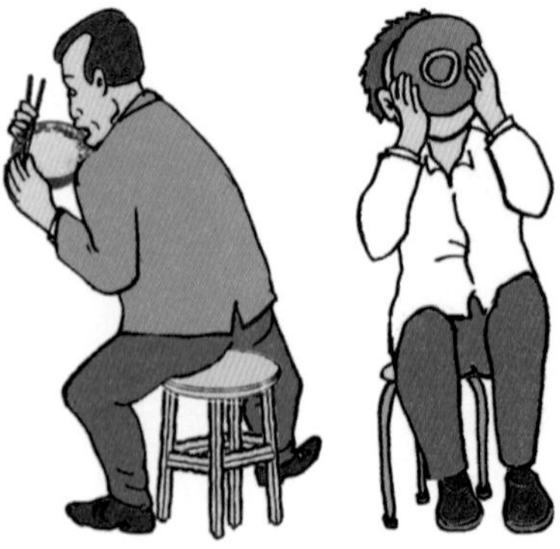

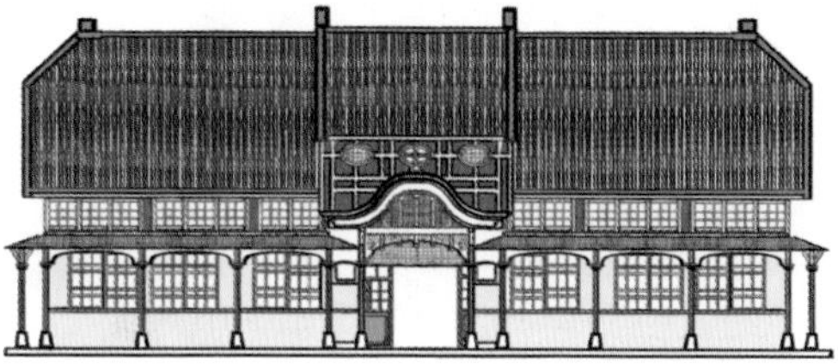

美味店家

阿宗麵線

地址：臺北市萬華區峨眉街 8-1 號
電話：(02)2388-8808

跟著魚夫漫遊

老王記牛肉麵
清蒸紅燒不分家

一九八三年三月八日的《中國時報》第三版，刊出一則臺北桃源街大火的消息，當時我已進入該報任職，這是新聞部裡熱烈談論的話題，回顧當時的報導，原來在七日的凌晨發生火災，由於街巷狹窄，再加上冬天強風助陣，居然把十三間木造平房給燒了！

報導還附上同事沈明杰的照片，加上標題〈牛肉麵街成追憶〉，起火戶又居然是位於桃源街九號「趙記菜肉餛飩大王」，那時節，報社裡議論紛紛，牛肉麵店燒了，該不會連這餛飩也沒了吧？

臺灣的牛肉麵在臺北大抵有兩大系統，一是清真回民的清燉牛肉，早期聚集在延平南路上至少有五、六家，只今猶存「清真黃牛肉麵館」（延平南路二十三號）和「清真黃牛肉麵餃子館」（延平南路二十一號）兩家，招牌上都有回文橫匾，如今品相更形複雜了，都有牛三寶，這一味就是加入牛肉、牛筋和牛雜，當然也有諸如牛肉捲餅加蛋、牛肉鍋貼、湯餃、水餃等等，不像以前的菜單都很簡單，而且你賣清蒸，我賣紅燒，也沒那麼涇渭分明了，反正牛肉

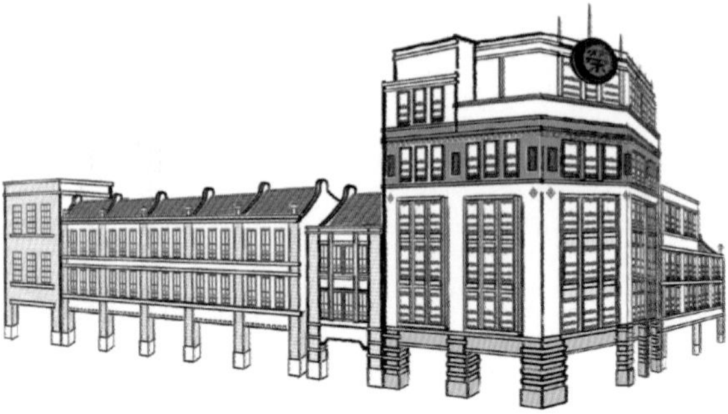

麵落地生根，而且還成了臺北的美食特色代表之一了。

延平南路所在是從清領時期歷經日本時代的「城內」地區，大致範圍是北起忠孝西路，東至中山南路，西至中華路，南至愛國西路，是日本時代到戰後的政經重要區域，當然也是最為繁華的市街，衡陽路一帶舊稱榮町，顧名思議，鬧熱滾滾，戰後五〇年代中期，和衡陽路垂直交叉的桃源街逐漸形成紅燒牛肉麵街，名氣很響亮，許多觀光客好像來臺北沒來朝聖拍張照再吃上一碗，就會對不起列祖列宗似的。我有位朋友回憶念銘傳商專時，每到桃源街轉車，非得先衝進街上飽食一頓絕不罷休，只是後來的那場大火，並沒有使桃源街越燒越旺，反而逐漸偃旗息鼓，只剩實力堅強的老字號屹立不搖。

所謂的桃源街牛肉麵，知味善嘗的老臺北人心知肚明是現在的「老王記」，創立於一九五六年，用新鮮的未經冰凍的溫體黃牛肉，使用寬扁麵條，湯頭濃郁，有股像是用牛油燉出來的味道，還有酸菜免費提供，這吃牛肉麵要加酸菜，至今許多人說：「加酸菜就是從老王記開始的！」

不過臺灣的牛肉麵店，提供的酸菜大部分是熟成的大芥菜，可是也別急著加，先好好品嘗店家辛苦熬製的湯汁再說；其次，標榜黃牛肉，黃牛臺語稱赤牛，我聽專家說，事實大多是混稱黃牛、而且據說母的乳牛肉才是上品。

因為許多店家都自稱是桃源街牛肉麵，二〇一八年重新裝修後，老王記不但正名，還貼出只此一家，絕無分店，新店開張我去了一趟，一切有如從前，只是少了一味粉蒸排骨罷了。

美味店家

老王記牛肉麵

地址：臺北市中正區桃源街 15 號
電話：(02)2361-6496

客倌這碗有認證

張家清真黃牛肉麵館

美食家作家逯耀東曾說，川味的紅燒牛肉麵是從高雄岡山的空軍眷村開始的。開平餐飲學校的創辦人夏惠汶也說，他曾有一回到中國四川大學附近看見一家張起牛肉麵招牌的店，於是排闥直入，馬上點來一碗牛肉麵和紅油抄手，當麵一端上桌，就好生失望，勉強吃了兩口，再也無法下嚥。最後假裝臨時有急事，埋單逃之夭夭矣。

所以夏惠汶也證實：「四川在地理位置上歸屬南方，牛肉麵根本不是傳自四川的美食，而是民國三十八年政府遷臺之後，因人因地而在臺灣創新的美食。」

不過牛肉麵真的被發揚光大可是在臺北城成就的。逯耀東還說：「最初在寶宮戲院旁的信義路旁廊下，有幾檔川味紅燒牛肉麵，其中一檔遷至永康三角公園，成為後來的永康公園川味紅燒牛肉麵；其後還有林森南路康矮子與仁愛路、杭州南路的老張擔擔麵。」算算文中這幾家，就是我這下港人來臺北初嘗牛肉麵不能抹去的印象了。我記得永康牛肉麵是由一位姓鄭的老兵開的，他的牛肉超級大塊，一試就印象深刻，那時也只見他準備了幾百個碗，客人吃過不洗，收攤後一併處理。太忙時，帳也沒怎麼算清楚，完全憑來客良心啦！只不過前話中提到的所謂的「康矮子」有可能是「唐矮子」之誤，攤子擺在走廊裡，牛肉麵辣得很過癮，兼賣蒸餃、小菜、擔擔麵、素椒炸醬等，都很膾炙人口，這老闆一日搬到紐約去了，而最後那家「老張擔擔麵」如今則一分為三，另兩家是「德忞牛肉麵」和「愛國麗水老張牛肉麵」。

在我的年代裡，紅燒牛肉麵除了上述幾家外，最集中者就是桃源街牛肉麵，鼎盛時整條街都是牛肉麵店，蔚為奇景，也各有風味，誰知一九八三年的一場大火，燒毀許多商家，曾一度蕭條許多，然而當時的城中地區還有條延平南路，即舊稱的「撫臺街」，另有好多家清真黃牛肉麵館，他們的牛肉麵和桃源街者不是比味道，而是穆斯林若要享用牛肉麵，只能在經過「清真認證」（Halal Certification）的店才吃得合法安心，這種店一定會在門口或餐廳裡的顯眼處，貼出認證通過後的標章。

Halal 在阿拉伯語中是「守法的」意思。對於每位穆斯林來說，飲食必須遵守 Halal 和禁食「不潔的」（Haram）的伊斯蘭戒律，非穆斯林、不明就裡的人當然也可以入內消費，吃完付錢走人，只嘗美味，無關乎宗教信仰，只是一旦取得認證，那麼就會有更多的教徒前來交關，因為他們不可以去諸如桃源街那些 Haram 的店去觸犯教規，所以這裡生意更為興隆。

Halal 的牛肉麵店，從進行宰殺牲畜時就得先虔誠禱告，過程裡除了規定的宗教儀式外，也極其注意衛生和清潔等，和市售的食材比，絕對是兩回事，總之，有了驗證，不但穆斯林，連教外人也都吃得安心。

其實最早清真牛肉麵是從火車站前的亭仔腳開始的，那時因國民黨政府逃難來臺，火車站前竟漸成攤販集中地，後來搬到博愛路；其中張家清真黃牛肉麵館由三位山東籍的阿兵哥聯手經營，第二代長成後，開枝散葉，淤到今之延平南路來。

除招牌牛肉麵外，終究是山東人開業的，所以北方麵點也不少，諸如槓子頭、口袋餅、鍋貼、韭菜煎包和包夾牛腱心的燒餅也各有特色。

牛肉麵已被不成文默認是臺北最有特色的飲食料理之一，如今的老臺北人大抵心中都有一張自己的牛肉麵美食地圖，對我來說，不只美味而已，內裹還有我在臺北城裡生活數十年的人生回憶。

美味店家

張家清真黃牛肉麵館

地址：臺北市中正區延平南路 21 號

電話：(02)2331-2791

跟著魚夫漫遊

潮汕味臺灣製造

元香沙茶爐

現在臺北人吃火鍋流行川味麻辣鍋，在我那個年代，則是廣東汕頭沙茶火鍋，吃火鍋還得來一小碗沙茶醬，成了臺灣人的習慣。有一回去中國的上海，有家火鍋店的菜單居然特別在沙茶上括號標註：（臺灣人用），這沙茶火鍋吃了幾十年，後來終於去了汕頭一趟，咦？居然沒有臺灣那種沙茶火鍋。

臺灣有許多美食，都假遠方地名來增益距離的美感，比如說：

蒙古烤肉乃由資深相聲演員吳兆南改良命名，實非蒙古傳統飲食，本來要取名北京，但在那個年代政治很敏感，乾脆離京愈遠起好，直接到塞外蒙古去，還來得省事。

其餘諸如天津沒有蔥抓餅、四川沒有牛肉麵等，這些都是臺灣的創作料理，而廣東汕頭沙茶爐原來也是如假包換的臺灣製造。

中國的潮州、汕頭一帶，現在合稱潮汕，沙茶便是由這潮汕人帶到臺灣來的。日本戰敗後，留下了許多糖廠，國民黨前來接收時，便需要許多這方面的人才，在一九三〇年代時，「南天

王」陳濟棠主政廣東，他先後建成揭陽等六家新式蔗糖工廠，奠定了潮汕現代糖業的基礎，後來便以潮汕一帶的糖業人才前來臺灣接收糖廠。

牛頭牌沙茶醬的創建者劉來欽是廣東潮安人，也就是潮汕地區人士，隨國民黨軍隊撤退來臺，先到糖廠工作，後來娶妻生子，為了維持家計賣起麵來，又想到家鄉的沙茶，不妨摻入麵中增添風味，乃從此一炮而紅！

另一方面，在臺北有位汕頭人吳元勝隻身來臺闖蕩，起初先在西門媽祖廟旁經營沙茶牛肉的熱炒攤，後來又按排其子吳藩俠來臺，乃在今峨嵋街十五號開了一家「元香沙茶火鍋」，生意鼎盛。到了一九八〇年代，沙茶火鍋流行起來了，牛頭牌沙茶醬更是在著名電視節目「五燈獎」裡下廣告，推波助瀾，更是蔚為風潮。

元香第二代老闆吳振豪承繼家業後，覓得信義路大安公園旁開恢復老字號，並在忠孝東路另起爐灶，開設「老西門沙茶火鍋」。

事實上潮汕我去過，沒發現所謂的沙茶火鍋！返臺後，最近遇見一位汕頭嫁過

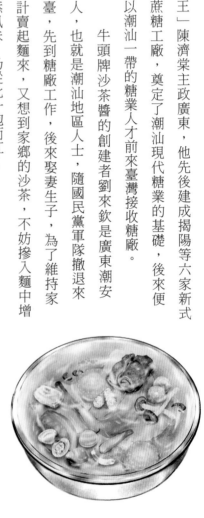

來，也開沙茶火鍋店的老闆娘，證實她的家鄉吃火鍋，可能會在湯裡放些沙茶，但並不沾沙茶醬，結論是廣東沙茶火鍋的故鄉在臺灣！

美味店家

元香沙茶爐

地址：臺北市大安區信義路三段 35 號
電話：(02)2754-2882

跟著魚夫漫遊

祖鴻麵點

蕭敬騰招牌特餐

有一回信步到華西街夜市去尋訪舊滋味，特別選了一家「昶鴻麵點」坐了下來，也來當個「追星族」點來一份「蕭敬騰特餐」。

所謂特餐，即是一碗招牌麵和一盤豬尾巴，招牌麵是先煮好擔仔麵，再放上好幾片菊花肉，兩個半顆的溏心蛋（店家說是黃金蛋），最後舀來高湯淋上即成；至於豬尾巴切盤，食來亦屬彈牙。

這家麵店從一九五四年就在華西街開業，老闆許澤雄是第二代，隨著父親許龍陞和母親許馬笑從雲林到臺北，全家落腳於華西街討生活，起初單賣擔仔麵，菊花肉麵和豬尾巴，都是長子許澤雄接手後的創意了。

這許澤雄生性開朗，也很健談，他近視一千多度，瞇著眼帶了一副大眼鏡，長相頗似從前倪敏然在電視上扮演的七先生，人家提那個角色的丑樣，許澤雄也不以為忤，還幽默的自我嘲諷。要是跟他多聊個兩句，就會告訴你隔壁巷子裡住的是名嘴吳國棟，陳松勇和許多大官也都愛來他的攤位品嘗。至於蕭敬騰，雖然是花蓮人，但卻在艋舺長大，這家麵攤據說是他從小吃到大的最愛之一。

那回現場有位顧客認出我來，說真有榮幸和魚夫先生同吃一家麵攤，還要求拍照，我說：「魚夫過氣了，您應該說是蕭敬騰啦！」其實來這裡不只享受美食，也是來尋找華西街八號這個地址。

華西街八號在日治時期為有明町四丁目二番地，原是一九三六年新春開業的「芳明館」，專映二輪的日本電影，後來也加映美國八大公司的二輪片。這地方龍蛇雜處，日本時代芳明館後曾經出現一大簇的矮房，其中約有五、六十戶的神女，戰後芳明館更名為「芳明戲院」，改演布袋戲和歌仔戲，也成為艋舺角頭聚集地之一，電影《艋舺》演出幫派逞凶鬥勇的情節，也來此尋找場景，後來因建物年久傾頹，遭到拆除，我來吃麵時，許老闆告訴我，芳明館原址就在他的店斜對面一帶。

從前的華西街，我在報社工作時偶而也會因地利之便常來閒逛，殺蛇店最為心驚動魄，也最能吸引人潮，許老闆就見證了早期華西街夜市人擠人寸步難行的盛

況，其中因為殺蛇店約有五、六家之多，大部分約在午後四點開店，做到隔日早上六點才打烊，一天可賣出千碗蛇肉湯，一日可進帳數十萬元。後來在動物保護運動人士的關切下，二〇一八年著名的那家「亞洲毒蛇研究所」（早期地址華西街五十五號）吹起熄燈號，並宣布封刀改行，其他留存下來的蛇肉店從此再也不公開殺蛇，但事實上，賣起蛇肉湯仍頗受歡迎，真有老兵不死的況味。

華西街足資懷念的當然不只蛇店、鱉店等這種大補湯的店家。諸如創意十足的阿義滷肉飯、獲得米其林必比登推薦的小王清湯瓜仔肉，大鍋煮的大鐤肉羹，也已百年歷史的龍都冰菓室、湯頭獨特的兩喜號魷魚羹、阿猜嬤甜湯等、這些老店沒有被年輕人的新口味世代交替而消失，而且像蕭敬騰這種年輕一代的著名歌手也還是滿喜歡我們那個年代的食物。看來，只要店家繼續堅持，我還有福氣享用呢！

美味店家

昶鴻麵點

地址：臺北市萬華區華西街 15 號

電話：0982-187-604

跟著魚夫漫遊

阿義魯肉飯

碗中的一身二世

現在的華西街夜市是一九八七年改建的，目前只有行人可以穿梭其間，變成了臺北市的觀光夜市。在此之前，其實是一條馬路兩旁被攤商給占滿了，美食固然很多，但牛鬼蛇神雜處……蛇是真的有哦，當時眾目睽睽宰殺蛇蟒的店最是令人觸目驚心，爭議也最多。

變身後的華西街夜市，蛇店還是有，但看起來沒那麼野獸派了，而且進駐了有華西街凡爾賽宮之稱、勇奪米其林一星的「華西街臺南擔仔麵」，餐廳裡從桌椅到器皿，都朝精緻頂級的水準鋪陳。我從前在媒體工作，當然經常來店酬酢，不過在酒酣耳熱之外，仍感所費不貲，還是來碗滷肉飯才是王道啦！

如今在觀光夜市的重要出入口處都矗立起高聳的漢文化建築牌樓，還在牌樓下高掛「滷肉飯的故鄉」（有許多店家寫為魯肉飯）。在臺灣人人都可以說說自己故鄉的滷肉飯，幾乎全臺都有老店，但標榜此處是滷肉飯的故鄉，則不知所本為何？只是爭元祖也是多餘，能在滷肉飯之上再創新才有意義。

「阿義魯肉飯」的老闆吳黃義約在一九六七

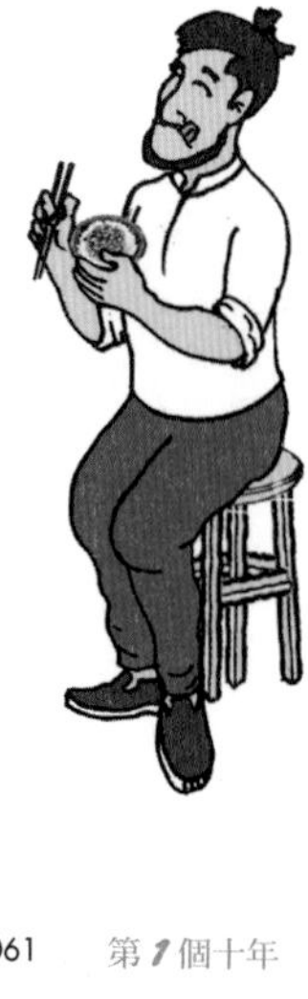

年時為了養家活口，起初在和平西路賣剉冰，其後又經營肉粽、碗粿、自助餐等等，後來改做滷肉飯，看來是抓到了竅門，受到顧客的歡迎，乃搬遷到華西街來一試身手，「阿義魯肉飯」偏甜，豬油製程是利用前回留下的少許肉燥油來煏豬頭肉（糟頭肉），然後羼入鹽、胡椒粉、五香配料等，再用滷包浸在肉鼎裡炕，求其不油不膩，迎合更多年輕人的味口。

現在的第三代傅柏翰約在二〇一七年決意承繼家業掌勺。他開始翻轉經營模式，先是試著推出蒜泥白肉和蚵仔盤測試顧客反應，結果後者較受歡迎，靈機一動，在一碗滷肉飯上鋪滿、鋪爆粒粒碩大的鮮蚵，這一碗令人垂涎欲滴的蚵仔蓋飯，馬上驚動萬教、轟動武林，再一回去，老店老顧客的老面孔漸少了，居然很多年輕的客群都

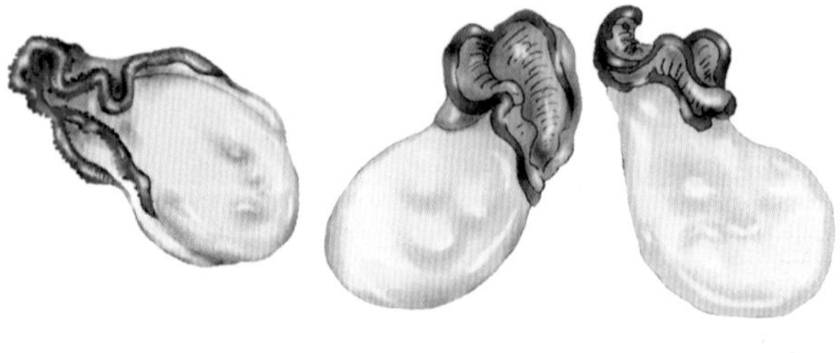

出現了。

華西街夜市美食，我從少吃到老，現在看滷肉飯變蚵仔蓋滷肉飯，借福澤諭吉一句話來說，可也算「一身二世」乎？

美味店家

阿義魯肉飯

地址：臺北市萬華區華西街 151 號

電話：0958-860-213

跟著魚夫漫遊

阿猜嬤甜湯

善哉善哉甜滋味

阿猜嬤甜湯位在華西街和貴陽街口附近，正好是華西街夜市的末端，好像夜市辦桌後，最後出現的甜湯，品相有紅豆湯、花生湯、湯圓、冰糖白木耳蓮子湯等，當然也可以東一點、西一點的挑來綜合一下，許多美食作家也經常提及艋舺這家老鋪。

「艋舺不是萬華！」老闆提醒我以後講到艋舺不必畫蛇添足地改名「萬華」，想想也對，艋舺的臺語發音和日語バンカ音近，所以在日本時代變成了日本漢字的「萬華」。

花生湯的土豆取自宜蘭，大小最適合煮湯；白木耳則冬天做熱食，夏天是涼湯，顧喉嚨且是溫補聖品；圓仔土豆湯的白湯圓係純米製作，得一碗碗煮才能盡得精華，而紅豆選的是屏東萬丹的紅豆，久煮不破，香軟可口，亦有泡餅，可添入湯中增益複雜的口感。

紅豆約於一九六〇年左右開始在屏東萬丹種植，竟成名產，我有回返屏東故里參觀農產展示會，紅豆產品琳瑯滿目，甚且品質可以外銷日本，而久煮不破則是必要的。

日本有陣子流行「切腹最中」，這是一種兩片糯米餅皮夾著紅豆餡，做成露出紅豆的餡心，好像剛切過腹血紅的肚腩，於是如果做錯事除了道歉賠不是外，若能再奉上這款紅豆餅，那就更能表現誠意了。

可是切腹在古代是武士的大忌，我聽聞日本人不斷地改良品種，才使得紅豆耐煮而不會像切腹般的穿腸破肚，現代人無此禁忌，便拿切腹來大作文章，嗚呼哀哉尚饗。

日文漢字將紅豆寫作是小豆（あずき，atzuki），是和食裡非常重要的食材，諸如紅豆麵包、哆啦A夢愛吃的銅鑼燒、甚受年輕人歡迎的鯛魚燒等，在諸多運用當中，有一味「夫婦善哉」甚富詩意，外形也較接近我們的圓仔紅豆湯。

《昔の味》是日本作家池波正太郎所寫的一本膾炙人口的美食書，我要是到日本旅行，總會按圖索驥去一嘗書中的滋味。他家住在東京淺草附近，紅豆湯圓店也成了他寫作時代小說《鬼平犯科帳》的背景，並且提到東京的紅豆湯圓在京都、大阪一帶被稱作「善哉」（ぜんざい），後來幕府末期在東京也出現「善哉」，淺草一八五四年創立的梅園本店至今仍是喜愛紅豆湯者的朝聖地。

那為什麼會有「善哉」之名呢？據說是因為奇僧一休和尚初嘗紅豆麻糬時，驚歎：「此物只有天上有，人間難得幾回見，善哉，善哉！」從此關西的紅豆麻糬湯便有了善哉這個雅號。

故事還沒完，大阪法善寺橫丁有家一八八三年（明治十六年）創立的紅豆湯老鋪「夫婦善哉」，這裡的紅豆湯端來一定是兩碗，不會單賣一碗，那是因為一位大阪大作家織田作之助以「夫婦善哉」為題的小說，描寫一位女性蝶子不管使君有婦而發展不倫關係，後來因為男方喪偶，才從小三扶正，但生活清苦，兩人進入老鋪想喝碗紅豆湯，老闆故意分成兩碗盛裝，並說明原本就是這樣兩碗一起賣的，從此這夫妻一人碗共嘗的「夫婦善哉」，再冠上池波正太郎大名，兩大文豪加持，當然也就名聞天下了。

紅豆在臺灣的文學意義，大抵就是「紅豆生南國，此物最相思」，而有相思豆之稱，不過相思的對象並不局限於夫婦。我聽聞臺北有家「紅豆食府」就是因為上海菜師傅闊別滬上數十載，為表達對故里相思之情，是耶？非耶？華西街阿猜嬤的紅豆湯圓，偶而相思起來了，便來吃上一碗，能想起來的故事可還真多。

美味店家

阿猜嬤甜湯

地址：臺北市萬華區華西街 3 號

電話：(02)2361-8697

跟著魚夫漫遊

一肥仔麵店

簡單含蘊著複雜

一肥仔家的福州乾麵是老艋舺人腦中揮之不去的甜蜜滋味，那麵條軟硬適中，咬勁十足，咀嚼中會釋放出一股清甜，真是叫人吃了會感動的麵店。

現在的店面位於古有臺北第一街之稱的貴陽街上，就在艋舺四大廟之一的青山宮旁，原來的位置是大約是在今西昌街一一九號的前方，那裡本來有座一七八六年（清乾隆五十一年）建的艋舺福德宮，日本時代本有意拆除，但發生了幾起光怪陸離的事件而作罷。戰後由於座落在一九八二年都市計畫的道路上，乃在一九八三年被遷移到一九七九年啟用的長沙公園裡，即長沙街與環河南路口的那座土地公廟。當時我剛到大理街的報社工作，離這裡近，還記得當年廟口的小吃美食，家家都膾炙人口，令人回味無窮。

一肥仔的創辦人為洪式文，因為六位兒女，食指浩繁，乃在一九五〇年固定在土地廟旁擺攤養家活口，不過一開始主要是賣炕肉飯，也沒有店招，生意鼎盛，一桶五十碗份的飯桶，一天可以賣十四桶，而第三代的孫女洪珮瑜十五歲時就來阿公的店幫忙了。

現在的店名「一肥仔」聽說就是老闆娘洪珮瑜的小名，因為長得胖胖的緣故，開店時，又因算命的說少了一劃，索性命名為一肥仔。

洪珮瑜後來與當時店裡的伙計孫林興結婚，夫婦倆試著另行創業，無關乎油湯；一九八三年土地公廟被遷移後，洪家的店一度遷徒到愛國西路、天津街等，第二代由於早逝，家業傳承幾乎難以為繼，這時洪珮瑜與其夫婿因為事業進展不順利，決定重起爐灶，接手阿公的手藝，選在貴陽街的現址開業了，現在第四代的子女也漸漸接手了。

第三代對湯頭的研究精益求精。選用黑毛豬大骨下鍋汆燙去血水，然後清洗乾淨，滌去雜質，放入高湯中熬煮，再添進洋蔥若干，最後放入甘蔗頭（根部），如此增益甘甜，取代味素，食來不澀，食後亦不口渴，反而會回甘。

除此之外，當日要賣的黑白切，諸如嘴邊肉、生腸、豬心、豬肝、豬頭皮，也得拿來炕高湯，還有一包藥包，我問過老闆孫林興，他嘿嘿嘿的笑：「這是祕方，恕難奉告。」

豬油拌飯是孫老闆後來自行精心調製出來的，豬為黑豬油和油蔥等，而拌飯者，米粒也很重要，聽說是艋舺一家老字號的關山米；餛飩是老闆娘的創作，她選用黑豬肉，一斤肥肉比三兩瘦肉的比例最佳，摻入醬油、胡椒、芹菜和獨家配方拌攪均勻，皮亦屬千挑萬選，薄而面積大小適中，所以煮出來的餛飩香Q彈牙，清爽而不油膩。

配料也得頂真，招牌紅燒肉（其實是紅糟肉），挑選中壢黑豬接近糟頭（松坂）的三層肉，以其油脂層寬，口感軟綿，再以五種香料調製而成的祕方粉、米酒、醬油和客家紅糟做成醬料，取三層肉來浸泡時，還得按摩一番，使徹底吸收醬汁，再來文火慢炸，使其內熟外酥，沾點甜辣醬，保證愈吃愈續嘴。

還有一味菜頭排骨湯，用洋蔥大骨高湯為底，小鼎微火精燉，要熬到排骨像中了化骨綿掌般才能入口即化。

福州乾麵在臺北，還有個別名叫「傻瓜麵」，在小南門那邊很出名，其實「傻瓜」應作「煠寡」，煠唸ㄓㄚˊ（zhá），為一種烹飪方法。將食物置入熱湯或熱油中，待沸即出，稱為「煠」，就是臺語的sàh，寡則為些許之意，煠寡即為煮些麵來的意思，這麵端來看似一碗簡簡單單，其實是慢工出細活的結果，可一點也不傻瓜。

美味店家

一肥仔麵店

地址：臺北市萬華區貴陽街二段 230 之 1 號
電話：(02)2388-0579

跟著魚夫漫遊

暗夜中的海明威

旗魚黑輪

在臺北廣州街接近梧州街口，也就是仁濟醫院前，有攤「東港旗魚黑輪」，標榜各大媒體報導，而且是那些專門嘖口水的「名嘴」們的最愛；價格很親民，每支十元，買十送一。

旗魚黑輪的做法很簡單，即將旗魚肉絞碎後羼入各家不同的祕製配方調味，再打成糊狀，如果是加蛋，便再包入約四分之一的水煮蛋，最後下油鍋炸至表面金黃，起鍋瀝油，而仁濟院前這家則有原味、甜辣醬與日式芥末等侍候，可以淋上黑輪加味食之，怪不得大排長龍。

旗魚在臺灣周邊海域共有產四屬六種，以正旗魚科較多，三屬五種，劍旗魚一屬一種。在東部多見白皮旗魚，也叫做白肉旗魚，屬正旗魚科，這種魚肉質地柔軟、油脂豐富，是日本饕客的最愛，每年到了十到十一月間東北季風颳起，就是到花蓮享用旗魚的時候了。所以從前經常外銷，而且體型巨大，一尾重達數百公斤的白皮旗魚可以喊價上十數萬，捕獲者猶如發了一筆小財。

聽聞臺東成功一帶的漁民至今仍遵循傳統的鏢旗魚方法，在東北季風的強烈吹襲下，漁船於七、八級的風浪中破浪前進，鏢手必須站挺立在船頭最前端，手持重達十幾公斤的鏢杆，瞄準馳騁在滔滔白浪中的旗魚射去，如果一擊成功，要將旗魚拉至船上，可得經過一番激烈的博鬥，然後迅速返航拍賣，這情節拍出電影一定大賣座。

當然不只東岸，從日治時期的資料看，基隆、東港都是旗魚的盛產地，只是我們現在竭澤而漁又海域汙染，漁獲大減罷了。

天婦羅或作天麩羅，日文發音為てんぷら（tenpura），臺灣人寫成「甜不辣」；關東煮，日語作「御田」，發音為おでん（oden），臺灣寫成「黑輪」，只是這兩者雖然語源出自日本，概念其實早已相異其趣。

只是取名「黑輪」者唯臺灣人看得懂，但不免顯得「粗俗」沒有高級食物的感覺。有一回，在高速公路西螺休息站見人賣這一味，但已更名為「旗魚燒」，包蛋者，呼之曰：「包蛋旗魚燒」，然後租了處顯眼的攤位，精心的包裝，頓時提升了產品價值許多。東港是我故鄉林邊隔壁庄，小時候還沒吃過這種食物，據說是一九九八年由東港華僑市場內瑞字號的店攤開始的，老闆洪瑞吉原來經營刺身生意，後來面臨轉業，乃思以旗魚漿替代傳統的雜魚去其腥味，這一巧思乃一炮而紅，出現頂港有名聲、下港有出名的旗魚黑輪了！

旗魚從清國時代即有記載，然而卻把旗魚形容得很恐怖，是一種「觸舟立沈，蓋鯨鯢之類」的大海怪，所以先民的小船乃敬而遠之；到了日本時代，沖繩漁民將「鏢刺漁法」傳入臺灣，這方法臺語叫「鏢丁挽」，丁挽是旗魚的臺語，日語則為かじき（kaziki），兩者之間好像沒有關係，作家曹銘宗、廖鴻基等研究了許久，結論從廖作《討海人》：「丁挽尖嘴如釘，勁力如挽車」。

丁挽和臺灣人的食物有很緊密的關係，旗魚黑輪之外諸如旗魚鮒、旗魚米粉、旗魚麵線、旗魚湯、旗魚飯、鮮魚湯等等，不過我們僅止於口腹之欲，不知何時會出現一位像海明威《老人與海》那樣寫描述動人心魄老人與旗魚（馬林魚）之間的搏鬥故事來的大作家啊？

美味店家

東港旗魚黑輪

地址：臺北市萬華區華西街夜市仁濟醫院前

跟著魚夫漫遊

第2個十年

三十而探訪

綻放美食的花朵

建成圓環小吃

吃碗滷肉飯配一碗松茸鳥蛋湯，這是一九八二年我開始到報社上班前與建成圓環美食的初邂逅。

圓環在日治時期的一九〇八年成形，占地面積約一七三二平方公尺，周圍植栽是七里香，中間為榕樹區，設有椅子供人在樹蔭下納涼，名為「圓公園」。後來淡水線的鐵路開通後，公園成了大稻埕的腹地，逐漸聚集了許多小吃攤，一九二一年成為臺北市唯一合法的夜市；一九四一年太平戰爭爆發，日本政府下令夜間不准點燈，圓環生意乃大受影響；一九四三年美軍開始對臺大轟炸時，一度改為防空蓄水池，戰後小吃店家又重新聚攏了起來，在我的記憶中，圓環的環帶是各式小吃和古玩、雜貨，中央有個廣場，賣藥、說書等等經常遇見，整個圓環通宵達旦，盛極一時與龍山寺齊名，而有「北圓環，南龍山寺」之美譽。

圓環的前世今生很曲折，還兩次浴火，一次是一九九三年國聲戲院拆除電影布幕時，火星不慎飄到圓環屋頂而引起大火。另一次是一九九九年「寶月號」炸魚時起火燃燒，釀成大火，不可收拾，這回祝融光顧，燒盡了

圓環的繁華。二〇〇二年在時任臺北市長馬英九推動下，由李祖原建築師事務所設計，以兩億的經費蓋了座玻璃帷幕的「建成圓環美食館」，但由於設計不良，生意做不起來，且搬進去的店家也多數不是原來的老店了，二〇〇六年七月終於吹起熄燈號，雖然屢有人接手經營，最後仍是形同荒廢，二〇一六年的十一月二十四日進行拆除，隔年的七月二十日，變成圓環廣場。

隨著臺北東區的崛起，位於西區的建成圓環自然也相對沒落，我後來的工作也換到了東區

上班，但圓環的味道仍在記憶中徘徊不散。老實說，早期在圓環裡品嘗各家小吃是用舌蕾來記憶，大腦並沒刻意去記招牌名稱，所以老店離開圓環另起爐灶，哪一家搬到哪裡去了？拼圖拼不起來，在網路還沒像現在這麼發達的時代，無法按圖索驥，只好用碰運氣的方法去瞎摸了。

像我這樣為了一張嘴，跑斷兩條腿的人似乎也很多，如今店家在網路裡被「肉搜」得很徹底，一家家都連連看對應了出來，連消失的也挖出來，免得白跑一趟。如賣冰和木瓜牛奶的「招涼亭」、賣肉圓與麵線的「再成號」，兩家人氣店都歇業了；也有改了名字的，諸如「順發號」蚵仔煎改名「圓環頂」，「龍鳳號」五香肉捲滷肉飯，因為店號被註冊專利了，現在改成「龍緣號」；「吉星號」花枝羹則搬到寧夏夜市附近變身為「小廚師」。

就這樣開始拾回從前的記憶，且有進一步的新發現，比如原來圓環的攤販名字都是「XX號」，原來「號」是當時課稅最小的單位；再如「三元號」滷肉飯是因為一碗滷肉飯從三元賣起的。

三元號的滷肉使用豬的後腿肉，精肉較多而少肥肉，是古早圓環裡比較獨樹一幟的，其中還有一味「松茸鳥蛋湯」尤令人印象深刻，現在為了應付較多的客人，而有「一組」的代號，點選小碗滷肉飯和魚翅肉羹，稱為一組。

龍凰號和龍緣號系出同門，就在三元號的隔壁，「五香肉卷」是招牌，就是我們常說的「雞卷」，但卷裡沒有雞肉，這本是中國漳州石碼那地方的人把吃剩的東西包了起來油炸，叫「石碼卷」，因此應呼為「加卷」，「加」就是多出來的意思，傳到廈門叫「五香卷」，這已到專業製作的地步了，還規定餡裡要包五種食材，切成五段等等。

萬福號潤餅也在厝邊，祖先來自廈門，不過如今廈門稱春卷為「薄餅」，過了海到金門，變「拭餅」，因為「拭」與「七」的臺語相同，簡化成「七餅」比較好記。我聽聞萬福號第四代傳人高海峰說他們的潤餅並不包肉，是因為在圓環的時代裡各家可以互補有無，賣肉製品的家數多，潤餅不如就清爽些吧。

從前我讀心理學家榮格的分析論述，提及味覺會內化成一種潛意識，當人們

遇見很久以前深刻的味道，就會連帶觸發那段時期的相關記憶。我在走尋圓環小吃時，就有這種深刻的經驗，這就是為什麼我要為了吃而像小蜜蜂那樣嗡嗡嗡，飛到西又飛東的原因了。

美味店家

三元號滷肉飯

地址：臺北市大同區重慶北路二段 11 號
電話：(02)2558-9685

跟著魚夫漫遊

寧夏夜市小吃

夜食庶民米其林

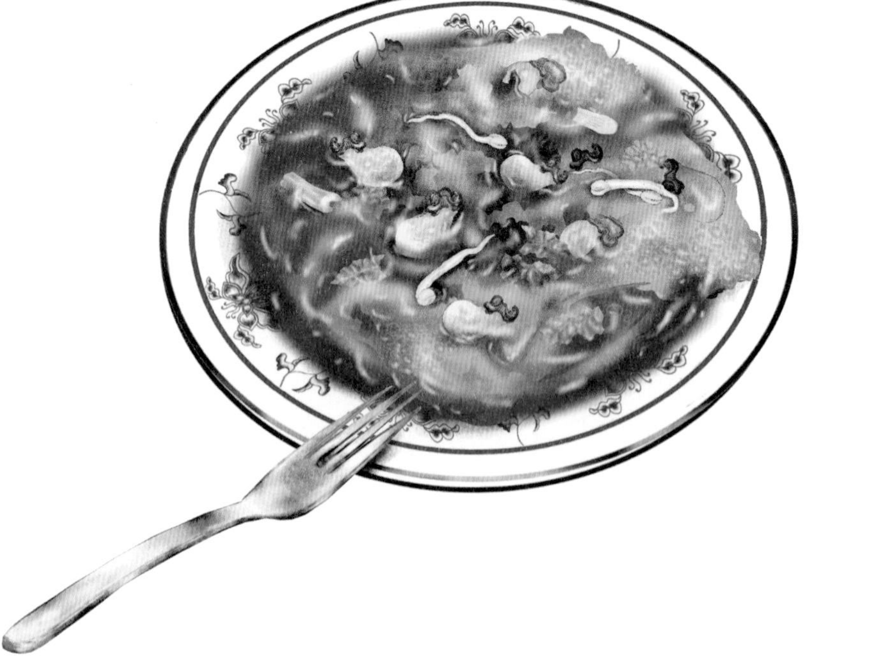

臺北寧夏夜市的周遭是從前日本時代大稻埕重要的文教區，夜市裡的蓬萊國小是百年的學校，鄰近的靜修女中歷史也很悠久，再加上近日修復完成的「新文化運動紀念館」（日本時代的北警署）等，這一帶是民主先輩蔣渭水當年經常遊走的所在，譬如一九二一年蔣渭水、林獻堂等人就是在靜修女中成立臺灣文化協會的。

現在的蓬萊國小以前也是女校，百年校史見證了臺灣女子受教育的過程。如今校門前是著名的寧夏夜市，這是早期從建成圓環淡漫開來的。日治時期本來是不許擺攤設夜市的，建成圓環是少數合法者之一，但在戰爭吃緊時，又被拆改建防空蓄水池和防空壕，日本戰敗後，圓環被填平，攤販又聚攏過來，重新開張，居然越聚越多，但圓環擠不進去了，於是往南沿重慶南路一段一直延伸到長安西路口擺攤，並且有了名字，呼之為「長環」或「重慶露店」，後來有些整頓，就從長安西路到南京西路這一段的空地上建造了一系列大小一樣的攤棚，東側賣雜貨衣物，西側則為小吃美食。

我曾在很年輕時從南部來到臺北，遇見長環的景象真是看呆了，當時圓環的周遭攤家規模非常驚人，約於今之太原路與南京西路口的「大中華戲院」空地還有個「四角環」，但於一九六一年拆除，後來又轉移陣地到南京西路和重慶北路一段口，形成第二代的四角環，最終的結局，是不管什麼環最後都拆光了，攤販四散，取而代之者寧夏夜市也。

寧夏夜市的自治管理頗受好評，當然美食也是有口皆碑，光米其林必比登推薦者，就有三家：豬肝榮仔、方家雞肉飯和劉芋仔蛋黃芋餅，還有一家是一九六五年開業的「圓環邊蚵仔煎」，則在二〇一九年獲得米其林「餐盤」推介。

所謂「圓環邊」觸動我的回憶，其實我來嘗蚵仔煎並不單純只是為了一張嘴，倒是這圓環、四角環、長環正足以串起大稻埕的美食故事，更何況還有文化協會蔣渭水等人的足跡，「有食閣有掠」，盍興乎來？

美味店家

圓環邊蚵仔煎

地址：臺北市大同區寧夏路 46 號
電話：(02)2558-0198

跟著魚夫漫遊

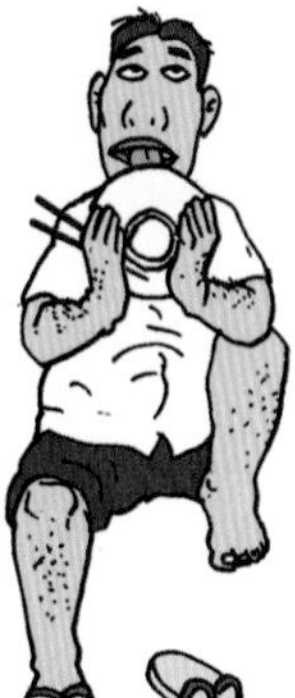

金春發牛肉店
臺灣食牛百年史

有家賣牛雜的叫「金春發」是我住在臺北時的最愛之一，那牛雜湯也不知是怎麼慢工出細活的，食來非常清甜回甘，店主自稱有百年歷史，有一回和友人前去品嘗，他忽然提問：「臺灣人從前不是不吃牛肉嗎？何來百年歷史？」

這可真是大哉問！「金春發」係市定「百年老店」，傳說一八九七年創始人陳屋就在大稻埕、圓環一帶叫賣，許多前往採訪者也人云亦云，得到差不多的來龍去脈，問題是一八九七年哪來的大稻埕圓環？一九〇〇到一九〇四年日本人曾繪製臺灣堡圖，其上並無圓環，不過是四條道路匯集，一九二〇年日本政府展開市街改正計畫，才模仿法國巴黎凱旋門圓環輻射道路的設計，在臺北蓋了兩座圓環，一處位於西門町，另一座就是原「建成圓環」，換句話說，大稻埕一帶有圓環，也已事隔二十餘年之後了。

不過金春發是不是百年老店並非我的重點，而是百年前的臺灣人到底吃不吃牛？先民渡海來臺早期不吃牛，除了情感上牛是幫人犁田者，乃不忍食之，清政府時期也明令禁止，但其餘統治者，如西班牙、荷蘭與明治維新後的日本人都是吃牛的，上行下效，被統治的臺灣人豈真始終如一，堅不食牛？

有人告訴我，在荷蘭超市裡可以看到賣潤餅（loempia）、豆芽（tauge）、米粉（mihoen）、肉包（bapao）等，這些都不是臺語翻譯過去的，是荷蘭話，東西也相似，真是饒富趣味。荷蘭統治臺灣為一六二四年至一六六二年，在此之前，其實並無嚴格定義的漢人，為了有系統的統治，急需勞力開墾，便就近構築適合漢人移民的環境，這是一種「共構殖民」，不管是在東印度公司的亞洲基地印尼雅加達或臺灣遭遇閩南人，在相互影響下，飲食文化之間自然也相互交流磨合，再由荷蘭人帶回母國，這也是很自然的事了。

日本人也統治臺灣五十年（一八九五～一九四五）。明治維新後，天皇派人出國考察歐洲各國強盛的原因，其中一項結論是洋人吃牛肉才身強體健，因此天皇於一八七一年起為全民表率喝起牛奶，第二年就連牛肉也吞下肚了，而在此之前的日本人幾乎不吃禽畜，牛肉更是免談，卻大幅轉變成吃牛肉乃文明的表徵。

發現臺南望族辛西淮五女辛永清女士的著作《府城的美味時光：臺南安閑園的飯桌》裡記載孩提時代過年的宴席裡，居然出現了「紅燒牛肉」，而且附有料理菜譜。辛女士一九三三年生，她的童年係日治時期不會錯，可見當時在富裕人家裡，吃牛肉應該不是什麼禁忌了。

還有更早的記載：臺灣中央研究院臺灣史研究所陳玉箴教授寫的〈食物消費

中的國家、階級與文化展演：日治與戰後初期的「臺灣菜」〉一文裡，更指出根據一九〇七年《臺灣日日新報》專欄介紹的「臺灣料理」，菜單裡就赫然出現了「紅燒牛肉」，也就是說，那時候的高級臺灣菜館端出牛肉佳餚，實屬司空見慣。

我邊吃牛肉、牛雜，偶而也讀讀一些相關論文，這才發現汗牛充棟的研究中，結論是在日治時期，總督府刻意在臺育種，甚至引進印度黃牛和臺灣牛配種，培養役牛和肉牛，大正九年（一九二〇）後，留日臺灣人返臺，更是將「內地」所習得的生活文化平行輸入本島，在大都市裡，吃牛也稀鬆平常了，而且舉凡牛肉的肥育、屠宰、冷凍、配送等食安問題都非常嚴謹，過去的吃牛禁忌早就淡薄許多了。

國民政府來臺後的牛肉史，我又不經意讀到「臺灣大學校史館」一篇訪問園藝系名譽教授康有德的文章，提到一九四八年轉學到臺大時的學生生活非常清苦：

「所以學生們自組伙食團，宿舍後方有新店線鐵路（萬華至新店，現今為汀州路），被推選出負責的伙食委員們多需坐第一班小火車到萬華菜市場採買菜肉伙食，當時的牛肉攤都是賣水牛，肉色比黃牛黑，上面有一層白白的筋筋絲絲，賣肉的攤販把它剃下來弄成一堆，等到它堆成兩三斤時，學生就買下來；再買兩三盤豆腐和幾把空心菜，這樣就是一天最好的副食了。」

照這樣看，日本人走了，外省人來了，臺灣人仍照樣在賣「水牛肉」。

美食家韓良露寫過一篇文章，說臺南人早上吃牛肉湯是隨泉州移民帶來的：「伊斯蘭人不吃豬肉，中國農民不吃牛肉，但泉州是商港，居住其中者對食牛無禁忌，再加上長期受伊斯蘭人的薰陶。如今泉州城內，一大清早天剛破曉就往溫體牛肉鋪中，喝一碗熱騰騰剛放血的清湯泡牛肉配白飯的泉州市民，一定不知道在臺灣臺南有不少清代泉州移民的子孫，也把牛肉湯當早餐。」

是耶？非耶？我從二十餘年前就到過泉州，其間又數度參訪，見證了部分泉州的發展過程，那宋元之際來中土的伊斯蘭人早已漢化，如今亦口操泉州話，究竟能影響多少泉州人飲食觀念，實不得不保留存疑的態度。

至於清燙牛肉湯我從沒見過，但有一家「牛肉文」近年來頗受歡迎，賣的卻是「藥膳」，滋味濃烈，而就算吃過泉州人做的牛肉，也不能據此推論當地人不忌諱吃牛，其後東渡臺灣，子孫也離經叛道的大啖牛肉。

我住臺南「神農嘗百草」多年，除了經常向地方耆宿討教外，也多少念了點書，這才知道臺南音竟是漳泉移民混合出來的特殊口語。後來更發現府城飲食深受福州、泉、漳以及潮、汕的影響，讀萬卷書不如行萬里路，又陸陸續續前往中國觀察閩粵的飲食型態，事實上善製牛肉者，自潮、汕以南的廣東乃至於香港最為盛行；潮汕人有一種將牛肉打成肉泥製成丸子的牛肉丸，彈性奇佳，還成為電影的題材，有趣的是，我也在潮州遇見了近二十年來崛起的「鎮記牛雜湯」，吃法和臺南最為近似。

潮州出現清燙牛雜、牛肉的歷史似乎並不比臺灣早；臺南有汕頭沙茶火鍋，實則汕頭有火鍋，只是汆燙並不沾沙茶，也是趁其溫體宰殺生鮮時食用，沙茶火鍋則是汕頭人於一九四九後來到臺南的創作，成為風行全臺的美食。

是的，屈指一算，臺灣人吃牛肉也已將近百年，禁忌是被日本人潛移默化移轉的，美援時期，麵粉、牛肉罐頭又進一步發展出的老兵川味牛肉麵，形成一部臺灣人共同的飲食文化史，說清楚了，大家都要珍惜。

美味店家

金春發牛肉店

地址：臺北市大同區天水路 20 號
電話：(02)2558-9835

跟著魚夫漫遊

大稻埕慈聖宮美食

神隱大叔的饕庫

呼朋引伴到臺北大稻埕慈聖宮前一大排的小食攤上點來各式美食，然後到廟前廣場占得一組桌椅，桌面擺得滿滿佳餚有如拜天公，再點來啤酒或青草茶、紅茶，保證大呼：「不亦快哉！」

臺灣小食的文化出現，廟口是重要的聚集所在，到了一九三〇代初，臺北萬華龍山寺、祖師廟前和大稻埕江山樓前的日新町及永樂市場等小食攤便開始迅速擴張起來，一幅一九四〇年代由灣生畫家立石鐵臣所創作的版畫裡，畫的是臺北永樂市場，畫面上還有文字描繪：

「臺北市大稻埕永樂町，櫛比鱗次的飲食店，店內販賣豬腳、鴨肉、冬

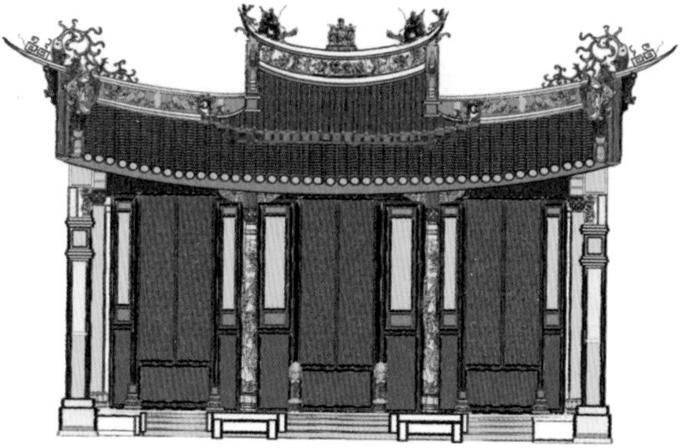

粉、鰇魚、排骨酥、鹹粥、蚵仔粳、黑棗湯等等。市場內震耳欲聾的喧囂聲，大家習以為常。當地人稱大食漢為『大食七』，小食者為『貓仔食』。」

永樂市場之外，一九二一年占地面積約一七三二平方公尺的「圓公園」（戰後稱為建成圓環或臺北圓環）成為合法的夜市，立石鐵臣盛讚這一路發展過來，是「臺灣庶民料理之聚落」，不過攤販的管理，在日本時代甚為嚴格。

臺灣買賣魚肉和菜蔬的普通市場在日治時期分為一般的店鋪市場與攤販市場。早期的市集大都在諸如廟口、交通樞紐、熱鬧地區的亭仔腳、城門牆邊等大量人口進出所在，但日人形容本島人（即臺灣人）的市場是「汙物縱橫、青蠅群集」且過去「本島人販賣者的髒手常以柱子、牆壁擦手」云云，這些形容，現在看來也著實令人觸目驚心。

一九〇〇年總督府發布「公共衛生費之通達」法令，允許各地方廳將食品市場、屠宰場、渡船場等委由共同經營，將收入用來充當一般衛生事業的經費，到了一九〇一年也推行小販執照許可制，管理流動攤販，但成效有限，於是著手規畫現代市場，譬如一九〇五年興建、一九一一年重建的臺南西市場落成後，「規定買賣一律在市場內，此因衛生而實施的約束令，開臺灣之先例。攤販商擔魚菜於大道叫賣時，警察得以街道規則處罰之，若不入市場者，則不能自由行商。」同時再頒布「臺灣市場取締規則」，定下市場經營不准私人擅為，必須取得政府核可才能營業。

如此一來，不管在市場衛生與規則次序等獲得長足的進步，得到消費者的認同，例如基隆的奠濟宮本來就小食攤櫛比林立，日本政府乃加以整頓，允許在廟埕兩側設立攤位並發給執照，小食市場景像為之不變。

另外，一般人以為「沙卡里巴」（盛り場）在臺南才有，其實因應城市的興起，有著綜合市場功能的盛り場出現了，一九一一年的一月，臺南因為在天后宮舉行「第一回南部物產共進會」，會場內出現有照的攤販和飲食店，但屬臨時設置，常設性的盛り場，其實是一九一五年今西門紅樓（前身為日本時代的西門町新起街市場）開始的，當時將市場周邊凌亂的攤販整合起來，在附近找了一塊地方，集飲食、遊藝和劇場，成立一個臺北的「沙卡里巴」。

戰後小食文化更為蓬勃，臺灣各地廟口和夜市更是攢三聚五的集中起來，但因城市發展，若論臺北的廟口小食，其實版圖正在縮小，老城區大稻埕一帶，建成圓環早就被打散了，只剩慈聖宮的早市最受老臺北人的歡迎。

慈聖宮在一八六四年在中街與南街的交界處，也就是現在的迪化街與民生西路口建廟，一九一〇年因市區改正遷移到今址的保安街四十九巷十七號。宮前有一大廣場，從老照片看，到了一九三一年，廟宇左廂前出現

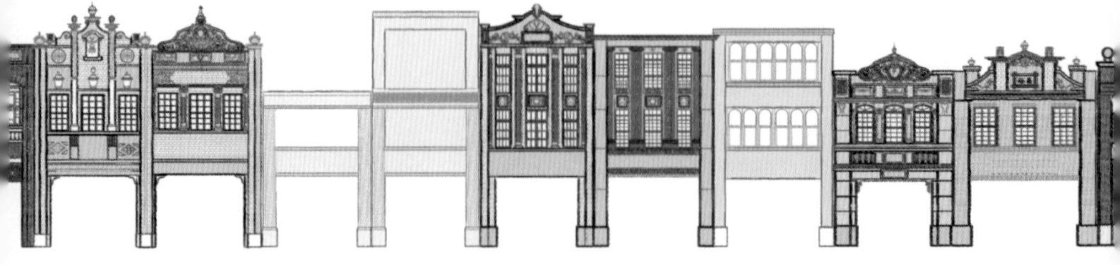

了一家攤販，有白布帆罩頂，賣的應是小食，但是宮前寬濶的廣場早期其實是臺北戲窟，各大子弟軒社及職業戲班莫不以曾在慈聖宮前演出為傲，後來才漸漸變為廟口早市小食。

有「巷內藏大廟口」之稱的慈聖宮，現在也藏有許多令人一提起就垂涎三尺的好料的，諸如肉粥、紅糟肉、炸花枝、炸豬肝、雞卷、豬腳、菜頭排骨湯、四神湯、砂鍋魚頭等等，要吃快來，慢來沒得吃，因為這也是日本人介紹臺灣美食最愛的亮點之一。

美味店家

臺北大稻埕慈聖宮前美食

地址：臺北市大同區保安街 49 巷 17 號前

跟著魚夫漫遊

魩仔魚料理

不及出嫁的魚仔

慈聖宮廣場前的美食攤是老臺北人的最愛之一，我常去吃一攤美味叫魩仔魚炒飯，可是有一天忽然覺得良心忐忑不安……

有首臺灣童謠「西北雨」是這樣唱的：

「天黑黑，要落雨，擛（giah）鋤頭巡水路，巡著鯽仔魚要娶某，鮎鮘魚做媒人，土虱做查某，龜擔燈，鱉打鼓，水雞扛轎大腹肚，田嬰（蜻蜓）架旗喚艱苦……」

鯽仔魚長大了要討老婆，居然引來這麼多的水族類幫忙，而且，臺語有句諺語說：「鯽仔魚釣大鮘」，大鮘就是鮎鮘，學名叫七星鱧，性凶猛，本來可是會吃鯽仔魚的，也有句諺語說：「鯽仔魚釣大鮘」，想不到雙方盡棄前嫌也來幫忙張羅婚禮。

鯽仔魚的一生有機會結婚，魩仔魚卻沒有，才出生沒多久，便被人類捕撈，來祭五臟廟了。魩仔魚的食譜多不可數，諸如魩仔魚煎蛋、蒜香魩仔魚、莧菜魩仔魚、鮮蚵魩仔魚羹、魩魚烤絲瓜、魩仔魚拌豆腐、魩魚烤絲瓜、紅蘿蔔魩魚菜飯等等，可見魩仔魚是盤中佳餚，我所畫的那張圖乃是在臺北慈聖宮嘗過的魩仔魚炒

飯，食完覺得還是來寫篇懺悔錄的好。

其實魩仔魚不是一種魚，而是指鯷魚類和沙丁魚類的魚苗的總稱，臺灣的漁民捕撈魩仔魚的漁業稱為「魩鱙漁業」，大抵魚身在四公分長以下且通體透明者為「魩」，而魚身在四公分以上，體色逐漸呈現黑色且側線有銀帶出現時稱「鱙」，臺灣人所吃的魩或鱙大抵以刺公鯷、異葉公鯷以及日本鯷三種鯷魚類為主。

從前捕撈魩仔魚並沒有嚴格的管制，也有研究報告指出，如果撈捕作業不正確有可能撈到數十至一百五十種類的魚苗，但也有不一樣的看法，認為魩仔魚並不是所有魚類的幼苗，只有兩年壽命，不吃它也會自然死亡，兩派爭論不休，最後大概也都承認作業時會混獲其他魚苗，但也要視海域和季節而定。

由於魩仔魚無刺，口感細嫩，富含鈣質，宜幼兒、孕婦、老人家食用。從前到東部，許多魩仔魚料理是必嘗的美

味，然而花蓮有位海洋環保作家廖鴻基曾寫過一篇〈拒吃魩仔魚〉的文章，大抵就是說會因此吃掉曾經豐盛的沿海漁產資源，同時也贏得了嗜吃魚苗等只有海鮮文化，沒有海洋文化的惡名。

從此以後，每回吃到魩仔魚我就心裡毛毛的，而漁業署也從二〇一三年二月底起公告禁捕期為每年五月一日至九月十五日，限五十噸以下船隻，而且還得在距岸五百公尺外海域才可進行捕撈等等規定，只是臺灣人從來不太守法，報紙三不五時就報導違法捕撈的情事，這樣就更讓人覺得食魩仔魚充滿罪惡感，為之忐忑不安。

臺灣又有俚語說：「鮎鮘吵家」，因為這魚追殺食物毫不留情，絕不只吹皺一池清水，但鯽仔魚要娶媳婦，鮎鮘就可以不吃它，還幫他做媒人，說來慚愧，人不如鮎鮘，魩仔魚雖然好吃，但還是心存慈悲，讓它們長大去娶妻生子吧！

美味店家

臺北大稻埕慈聖宮前美食

地址：臺北市大同區保安街 49 巷 17 號前

跟著魚夫漫遊

魷魚標活魷魚

北有嚼勁南綿密

南北活魷魚的吃法不一樣，慈聖宮的活魚標是標準臺北吃法，但在南部，至少沾醬完全不一樣。

所謂活魷魚其實不是「活」的，而是將曝乾的魷魚浸水泡發起來，再切花、燙熟，端來一盤香Q彈牙的「活」魷魚。

魷魚其實在臺語漢字裡應作「鰇魚」，會講臺灣話的朋友，光看字面即知正解。咱臺灣人有句用在喜慶宴客或過年過節圍爐時的吉祥話說：「食雞，會起家；食鰇魚，生囝仔好育飼。」這話不必細究吃雞和成家立業，或鰇魚與養兒育女有何關係，取其韻腳諧音，討個吉利罷了。

為了行文方便，本文「魷」與「鰇」魚通用。

魷魚很早就出現在史籍中，明末清初周亮工的《閩小紀》就曾記載：「鰇魚似墨魚，出日本，火炙揉而為絲，味勝墨魚遠美。」這一味是形容許多人愛吃的火烤「魷魚絲」。

其實魷魚也不是日本獨有，臺灣宜蘭很早就發現。清《噶瑪蘭廳志》卷六：「鰇魚：狀如烏鰂而大，肉厚味甘美，晒乾鮮食俱佳。」那麼臺灣何時

開始將晒乾的鰇魚泡發成活魷魚來享用的呢？不得而知，不過我發現在中國福州也有，《閩菜史談》一書的作者劉立身說：

「二十世紀四〇年代，福州臺江南星澡堂門口，有一食攤專賣這種小吃，攤主叫依四，用魷魚、章魚和鯊魚皮為原料，焯熟後未加佐料，售時切成小塊裝盤，由顧客自選香油和新鮮的蒜頭醬食之，因調的口味特優，嗜者常一食多盤，譽稱『魷魚四』。而在廈門，過去中山路各弄堂口多有賣章魚小吃的攤點，人們也是買了一盤坐在小桌邊或蹲著，蘸蒜蓉、甜辣醬，吃得津津有味。」

這段文字提到活魷魚的沾醬，令人想起臺灣南北食活魷魚大不同。一般來說，北部的魷魚顏色較深，呈咖啡色澤，食來較需嚼勁，南部則色較淺係黃褐色調，嘗來口感綿密，別有一番滋味，這可能和泡發的方法與時間有關。

其次為沾醬，北部率皆簡單，一碟醬油，擠上些許わさび（山葵）即可享用；南部不同，沾醬不只配角而已，而有君臣相佐，天佑美味魷魚之效，其祕製配方往往是店家機密，多方打探，大抵將醬油膏、糖、蜂蜜等熬煮一段時間，使其融而為一，再牽羹做味噌醬，然後拌在一起，添一匙薑泥，滴醋⿱毛灬味，再灑點香油，攪拌使其色澤均勻，此即南部之沾醬也。

活鱿魚可搭的食物很多。譬如臺北慈聖宮前的鱿魚標，點來一盤，再來一瓶啤酒，便很令人自我陶醉了；著名的雲林斗六鱿魚嘴，也可另點一整盤來大快朵頤；在臺南，意麵、米糕、炒鱔魚等都有店家提供活鱿魚佐食，只是這泡發鱿魚很厚工，乃漸漸鮮之見矣！

美味店家

臺北大稻埕慈聖宮前鱿魚標

地址：臺北市大同區保安街 49 巷 17 號前

電話：0922-111-682

跟著魚夫漫遊

趣談菜頭排骨湯

阿貴姨原汁排骨湯

菜頭排骨湯看似簡單，其實很厚工。有一回來到大稻埕慈聖宮前早市小食，專程來嘗著名的阿桂姨原汁排骨湯，光看就食指大動，老顧客不必到攤後去排隊，攤前的椅凳跨上去，屁股一沉，正好欣賞老闆水煮整副豬腹排，羼入白菜頭，約莫半小時或一小時後，撈出熱騰騰的大排來，再剪成入口大小的分量，客人還可選擇肥瘦和帶骨或軟骨的部分，再配上一碗滷肉飯，心中幸福感油然而生。

臺灣人喜歡菜頭，發音和「彩頭」（徵兆）相近，選舉或考試，贈送菜頭表示好彩頭，年菜裡菜頭粿亦不可少；一般又認為冬天吃菜頭最佳，相信「冬吃菜頭夏生薑，免請醫生免燒香」，如果翻閱食譜營養分析，大抵載有菜頭富含生維素C與微量元素鋅，性甘、微寒，具有清熱生津降血脂，增強免疫力，而排骨則含磷鈣、骨黏蛋白，能滋陰補陽云云，講得好像不輸給仙丹了。臺語裡還有句：「菜頭挽掉，孔原在。」意思是拔出菜頭，原來土裡面種菜頭的洞仍然存在。這話從前隱喻女子淫亂，不過這個時代，梅開二度也不是什麼「見笑代」、丟臉的事了，但還有第二義，大老闆說：「所謂一個蘿蔔一個坑，這世上少了你，太陽不會從西邊出來，你不幹，要占拔空的蘿蔔坑的人多的是。」

咱們在嘉義吃雞肉飯或臺南食蝦仁飯，常會遇見店家會附上一小片用白菜頭醃

漬的takuan，日本漢字寫作「沢庵」（たくあん），據說如此醃製菜頭的方法，是由一位叫沢庵宗彭的老太太發明的，在臺、日之間都很受到歡迎，這一味日本時代結束後，內化為臺灣話叫takuwan（たくわん）了。

不過日人好像對菜頭沒啥好印象。菜頭日語作「大根」（だいこん），有句「大根役者」是暗喻演員演技笨拙，而如果說：「大根な若手俳優」就擺明了嫌演得很差了。

菜頭排骨湯假如再加皇帝豆來熬煮最是美味，那麼有無暗示當皇帝的好彩頭？那自然要請那些有皇帝命選總統的人來吃吃看了。

美味店家

阿桂姨原汁排骨湯

地址：臺北市大同區保安街49巷

電話：0928-880-015

跟著魚夫漫遊

條仔米苔目

食米苔目聽故事

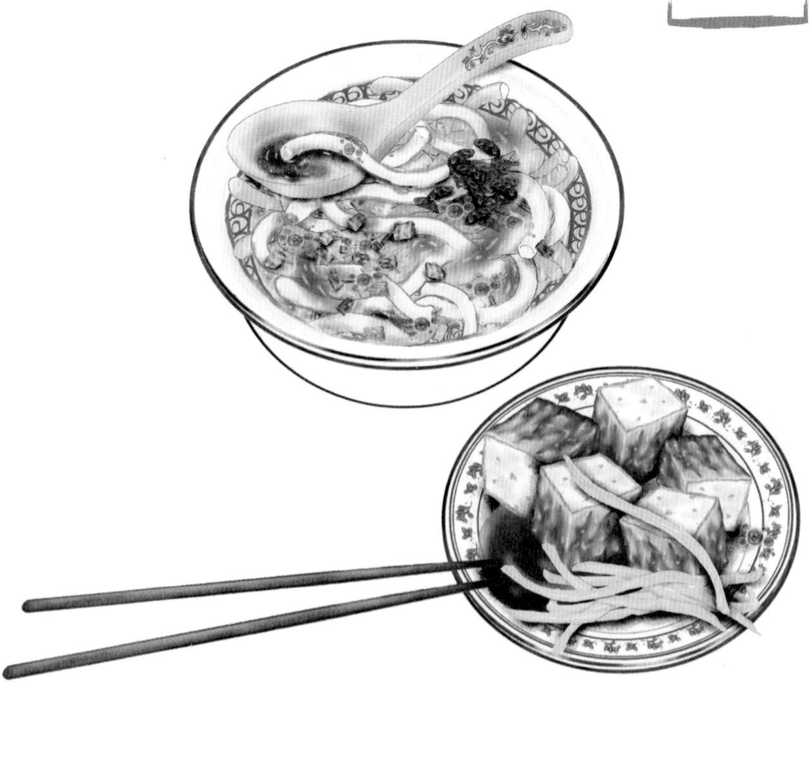

隱身迪化街巷弄裡的「條仔米苔目」是家老字號，這店將生腸、肚管、脆管、豬小肚、骨仔肉、豬肺、豬膀皮、豬皮、大腸頭、三層肉、油豆腐等煮過的高湯來煮米苔目，許多臺北人得空就會一解解嘴饞，條仔和民樂街的旗魚米粉的老闆，聽說有親戚關係，兩家的東西都很合我的胃口。

臺語米苔目是音譯自客家話的米篩目，客家人將陳年的在來米漿和蕃薯粉攪和成糰狀米胎，然後倒在竹製的「米篩目粄」上，用力搓揉，通過米篩目表面上一個個的孔洞，使米胎濾出一條條表面圓柱狀的白色米條，過程和用米篩來篩米一樣，稱之為米篩目。

傳統製作米篩目的器具其實也有好幾種形制，有用槓桿原理壓榨成條，也有採鐵片、瓢器鑽孔的方式。

在我們開始吃碗米篩目前，席不正不食、割不正不食，名不正亦不食也。先來看一段米篩目應作「米粞末」的說畫法，林仙龍著《河洛話一千零一頁》有云：

「本地有食品，係磨米成粉碎狀而製成者，其形狀似涼粉，稱**bí-tai-bak**，俗多作『米篩目』。」

正字通：「篩，竹器，有孔以下物，去粗取細。」「篩」即竹篩，屬名詞；不過「篩」亦可作動詞，作以篩篩物義。藉以篩物之「米篩孔」，即所謂「米篩目」，有大有小，多呈方形，故「米篩目」指米篩孔目，和本地食品**bí-tai-bak**雖發音相同，實為完全不同的兩碼事，不宜混為一談。

這段文字意思是說，米篩目是一種器具，不是食品，所以**bí-tai-bak**的漢字寫法應是：

食品「米篩目」直作「米粞末」，集韻：「粞，米碎曰粞。」廣韻：「粞，蘇來切，音鰓**sāi**（ㄙㄞ）。」晉書鳩摩羅什傳：「燒為灰末。」梅堯臣嘗新茶詩：「晴明開軒碾雪末。」以上「末」皆作細粉解，即所謂「粉末」，與「䊳」通，讀**buát**，「米粞末」即指碎米後所成的粉末，用此粉末所製形似涼粉之食品亦稱「米粞末」。

前面講得有道理，不過後面未免有點牽強，若依《教育部臺灣閩南語辭典》：「粞，讀音為tshè或tshuè，去水的糯米團。糯米浸泡後磨成漿，裝入布袋中，上放石塊或木棍壓一段時間，使其排去水分成糯米塊，可用來做粿、湯圓等。例：粿粞（kué-tshè）、米粞（bí-tshè）。」想來想去，為了行文方便，本文還是回來照客家人的意思，寫成「米篩目」吧？

米篩目可為熱食或涼品，鹹甜兩相宜，甜食可加的料諸如粉圓、粉粿、仙草、花豆（大紅豆）等等，臺北位於臺灣基督長老教會大稻埕教會旁有家「呷二嘴米苔目」，到了四月中旬起每天自九點賣到下午五點半，賣起令人心涼脾肚開的礤冰米篩目，到了十一月，寒冬降臨時，就改售暖身熱呼呼的米篩目了，不過也有長期堅持雙刀流者，乃冷、熱均備，萬華貴陽街的「伍條通手工米苔目」便是如此，但強調「手工」如何辨別？其實也不難，手工不若機器每條粗細相同，又因為食材係米漿為主，自然是當日現做最為新鮮了。

早期的農業社會米篩目常是作點心食用，由田主在家中烹煮，在上午十時或午後三點左右，擔到田間請來幫作穡（tsoh-sit）的工人享用，補充體力。

熱食的作法，客家人講究油、酥、香之間的搭配，一般不可或缺的是煏

（piak）紅蔥頭，先將切丁的紫紅蔥頭倒進煮沸的豬油鍋中糋（tsinn，炸），此時香氣四溢，別忘了要攪動翻面至色澤呈現金黃，再撈起來瀝乾，煮米篩目時撒入其中，香氣四溢，聞者莫不食指大動。

聽說米篩目源自於中國廣東梅大埔一帶，且最早的原形是兩頭尖，形似老鼠，客語又有別名呼「老鼠粄」，這名稱實在嚇人便被廢棄不用了，在香港有一味「銀針粉」，形狀和臺灣不同，而是兩頭尖尖，我猜可能就是老鼠粄的原形了。

美味店家

條仔米苔目

地址：臺北市大同區南京西路 233 巷 3 號
電話：(02)2555-2073

跟著魚夫漫遊

大稻埕雙魚美味

民樂旗魚米粉、臺南𩵚魠魚羹

如果仔細看畫家郭雪湖一九三〇年的作品「南街殷賑」，畫作中的視點應是站在永樂市場旁的民樂街附近往迪化街北望，當時的市場裡鬧熱滾滾，小食攤甚多，至今亦然，而民樂街上有兩攤比鄰而居，一為旗魚米粉，另一則為𩵚魠魚羹，我每回到迪化街研究郭雪湖畫作中的南街街景，便會順道扒上一碗來解饞。

旗魚米粉常被庶民誤植為鯕魚，聽聞早期在大稻埕頗為常見，今之延平北路從前就有許多家專賣這一味。

咱們的布袋戲裡有文音、武音、俗音還有七千話，偶而也會冒出無厘頭的「金光搶搶滾，烏魚炒米粉」的話來，烏魚炒米粉我沒吃過，但烏魚或旗魚或白鯧等煮米粉湯倒是常見。

「民樂旗魚米粉」據說自日本時代就有了，現今老闆黃清的父親自十八歲時便挑著擔子在大稻埕的路邊開賣了，四十餘年前才有店面，後來兄弟在一旁也賣起紅糟肉、炸豆腐等，如要來賞味得趁早，大抵早上六點多營業，是許多大稻埕人的早餐，近年來又成了觀光客必來一嘗的美食，經常大排長龍，

但店家仍然維持過午收攤的習慣，晚來 No sut。

這一味的祕訣在將旗魚切成小塊蒸熟後，羼入醬油拌炒，不煉高湯而全靠旗魚提味，食時將細米粉加入，但需以湯瓢沿鍋壁壓斷過長的米粉，再拈來少許韭菜，添入熇過的油蔥便是一碗膾炙人口的旗魚米粉湯了。

然而米粉湯會燙嘴，不夾點店家提供的炸物歇歇口不行，所以有：紅糟肉、炸蚵、炸魷魚、炸豆腐、炸甜不辣等等，吸口湯，再吃一口配菜，自然會愈吃愈續嘴了。

一旁的永樂魠魠魚羹號稱來自臺南，那麼南北魠魠魚羹到底有什麼不同呢？

魠魠魚其實應作「頭魠魚」，臺語發聲為 Thòo-thú，但訛音後原來的唸法大家就忘記了，然而北部所謂的頭魠，有些指的是白腹仔，也有句話說「石橋（棘鰆）假頭魠」，民間又俗稱石橋是「頭魠舅」（頭魠的阿舅）；南部則為「白腹假頭魠」，白腹仔是臺灣馬加鰆魚的俗名，而不管石橋或白腹假頭魠（魠魠）也並非全然是貶意，如白腹是四季均產，沒有當令頭魠時自然以白腹替代，環切後外

觀近似，但口感亦不遑相讓。

臺南的𩵚魠魚羹對許多外地人來說都偏甜，那是因為牽羹時除了以扁魚、大蒜酥炕高湯外，還會刻意加入白糖；𩵚魠魚大部分是遠洋進口的，切塊後沾番薯粉油炸，要裝碗時，再將炸過的魚塊掰開，淋上湯汁和白菜即成，有趣的是臺南也有永樂市場，市場旁的國華街上就有家「好味」紅燒𩵚魠魚羹。

臺北常見的𩵚魠魚羹有許多是切成方塊狀，如此以一來，湯汁就不能滲入肉裡，但民樂街這一家果真也如臺南一樣是掰開的，但羹可不像臺南那麼甜，這應是在臺北不得不調過的口味吧？

美味店家

民樂旗魚米粉

地址：臺北市民樂街 3 號（永樂市場旁）
電話：0933-870-901

臺南𩵚魠魚羹

地址：臺北市民樂街 1 號（永樂市場旁）
電話：(02)2558-8658

跟著魚夫漫遊

枝仔冰城
阿北的消暑涼棒

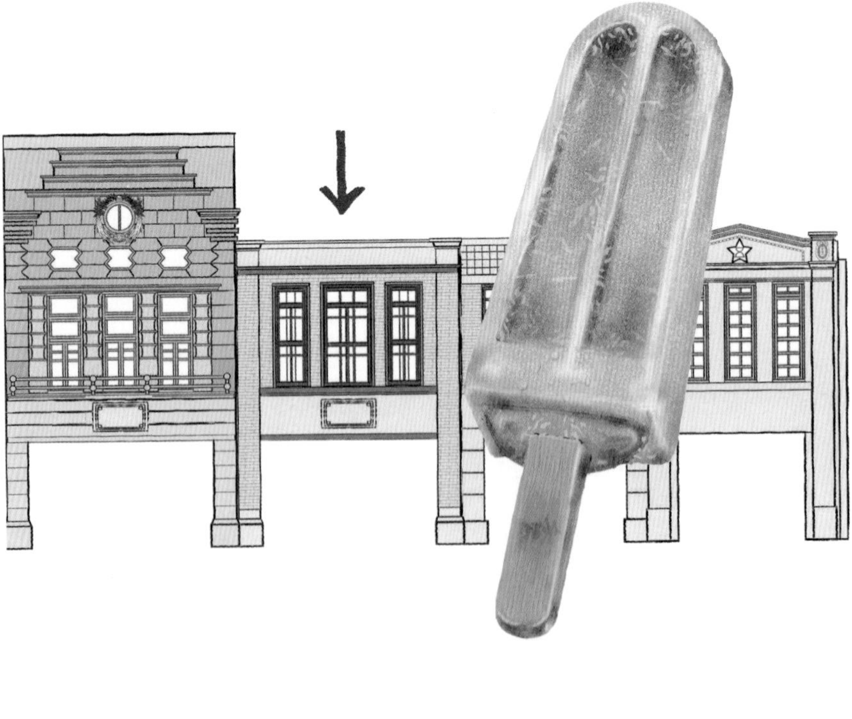

對許多四、五年級生且在高雄長大的人來說，枝仔冰城的冰棒是伴隨著成長的滋味，我就是其中一位。

枝仔冰城的前身是「鄭城冰枝屋」，一九二六年在高雄旗山創立。冰枝（ping-ki）臺語也稱枝仔冰或霜仔枝，但霜這個字在北部和東部宜蘭較為常見，傳統的臺灣話裡，冰、雪、霜不是分得很清楚，下雪一概叫「落霜」，冰糖叫做「糖霜」。

鄭城因為賣枝仔冰，名字為城，後來店號就變成了「枝仔冰城」，一九七一年家族裡出了一位鄭國勝，決定拓展版圖，於是在高雄市新興市場成立第一家分店，我的青少年暑期就是經常跑去這家店買枝仔冰，來度過南臺灣酷熱的夏天。

當時的枝仔冰城裡有好幾個大冰櫃，買支冰棒，店員傾身探入櫃中，不一會兒就拿出一根根冰枝來了，後來才知道原來冰櫃裡覆有木屑隔絕外界空氣，然後置入一列列鋁管，管內盛滿糖水等原料，中間插上一根小竹枝當把手，鋁管內外塞滿碎冰塊，撒鹽後密封約半個小時，糖水凍結，即成一枝讓人心涼脾肚開的冰棒了！

早期臺灣人賣起枝仔冰其實最有名的並不是旗山，而是彰化的永靖。由於永靖先民原

是廣東饒平客家人，來臺後雖已福佬化，但是講起福佬話卻仍帶有客家的一些腔調，形成特殊的「永靖腔」，而永靖人善製冰，最為人熟知的就是那句「永靖枝仔冰，冷冷有有」，其中「有有」發音作tēng-tēng，或寫成「碇」，就是臺語「一定」的「定」音，因為發音真「笑詼」，乃因此傳誦千里。

枝仔冰城現在迪化街也開了一家，店裡貼滿了我那個年代的黑白照片，真是令人懷念。這幾年來經過街屋全面改造計畫，迪化街已經重生，這裡的建築式樣從仿巴洛克到現代主義都有，徜徉其間，彷彿回到從前，

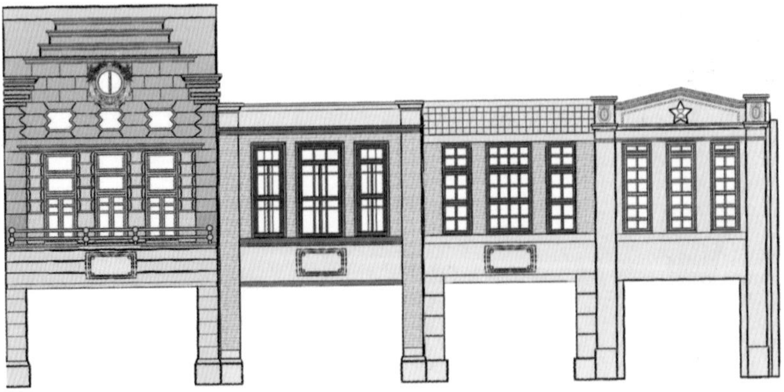

且竟成日本人自由行必逛的亮點，所以枝仔冰城現在坐滿東瀛貴客，冰品當然是紅到東京表參道去的芒果冰為主，至於我那個時代的枝仔冰，也就往事只能回味了。

美味店家

枝仔冰城大稻埕店

地址：臺北市迪化街一段 69 號
電話：(02)2555-5118

跟著魚夫漫遊

來去迪化街食涼

顏記杏仁露

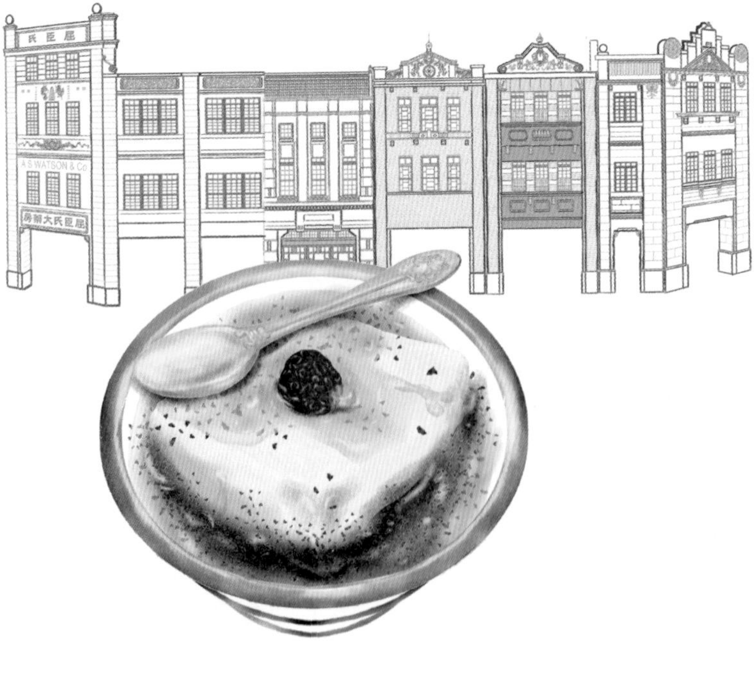

臺北的迪化街現遊人如織，因為經過一、二十年來的重新整建，這條過去大稻埕的源起街已然逐步重現過去的風華，吸引許多年輕的觀光客，外國人也常見，我則是經常到這裡欣賞建築，甚至為好友們導覽，邊走邊看，偶而停下來大啖美食，夏天炙熱之際，則索性食涼去也。

迪化街從南京西路往北到民生西路古稱南街，民生西路至歸綏街口是為中街，而歸綏街到民權西路則為中北街。

這一代的建築頗有看頭，涵蓋了清領時期的漢文化閩南式街屋，最初係因一八五三年（咸豐三年）在臺灣艋舺發生了「頂下郊拚」，下郊的同安人被頂郊的三邑人打敗，最後敗逃到大稻埕，經多年胼手胝足，逐步建立了同安人的新聚落。一八五八年英法聯軍將清國打得星落雲散，乃簽訂天津條約，並開放通商口岸，其中淡水在一八六〇年正式開港，大稻埕人因此搶得貿易先機，這時候因與外洋通商的緣故，所以就出現了仿洋樓式的街屋，這種建築因係本地工匠的仿製，所以出現諸如頭重腳輕的柱式等設計，頗富趣味。

日治時期之後，出現了由日人向西方學習而來的洋樓式、仿巴洛克式以及末期的近代建築式樣，我常見導遊口沫橫飛不停的細說那些故事，便忍不住要問：「啊會喙焦（口渴）未？」

口渴了嗎？永樂市場前的老字號「茂豐杏仁露」可以算是迪化街上的經典傳統涼品滋味之一了。「茂豐」是原建物上的堂號，其下有兩間店，一家專賣紅豆湯、花生湯，湯來時再添上半截油條沾湯食用，其味甚美，但熱食只賣到五月，約六月起休息到十一月才又開張，而杏仁露則全年皆有，這杏仁露另外有個較為人知的店號，即是「顏記杏仁露」，店家故事居然可以回溯到一九三〇年代的日治時期，當時有位挑擔呼賣杏仁露的陳姓老師傅，因著人生的機緣將作法教給了原本在賣水果的顏老闆，從此這一味居然成了永樂市場的名物。

冷熱兩家店的老闆，白天是兩家店，但結帳算錢任找其中一男一女的店主即可，賣熱食的老闆娘說白天是兩間不同，晚上回家是同一間。

現在的迪化街經常會遇見日本遊客。在日本，食中華料理也常在飯後奉上杏仁豆腐，而中北街上有家賣杏仁豆腐的「夏樹甜品」，也漸成日本觀光客裡口耳相傳的名店了。

這家的杏仁豆腐品相也不少，且聲稱堅持在地的食材，杏仁則原豆研磨熬煮而成，無添加物，其次在迪化街設點的好處是南北貨、食材容易取得，當然製作產品也就更能均獲天時、地利與人和了。

酷暑的天氣裡能喝上一杯青草茶，獲得免於喝罐裝飲料的自由。三家青草店雖然是在附近的民樂街上，但一般被視為同一商圈，分別是姚德和青草號、滋生青草店和正發青草鋪，前兩家已有百年以上的歷史，而正發也有八十餘年了，傳承至三或四代目，大抵青草茶、苦茶、蘆薈茶、茅根茶等都令人心涼脾肚開，而姚德和更是重新裝潢，來個工業風大變身，改走文青風，令人不只消暑，還耳目一新呢！

美味店家

顏記杏仁露

地址：臺北市大同區迪化街一段 21 號永樂市場 1204 室

電話：0916-838-987

跟著魚夫漫遊

妙口四神湯

喝了四臣事事成

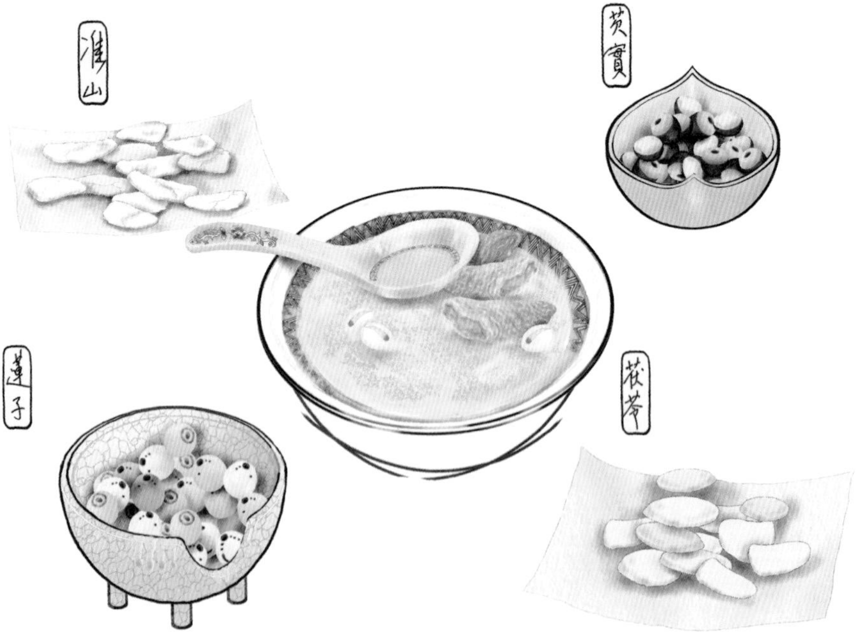

四神湯實應作「四臣湯」，但臺語「臣」和「神」的發音相同，所以訛用慣了，鮮有人在意原來四臣是四種漢藥之名，即准山、蓮子、芡實和茯苓，是為漢方，其功效為利濕、健脾胃、固腎補肺、養心安神，增強免疫力等等。

看來功效幾乎快要能治百病了，但在漢藥裡仍處於「臣」的位階，那麼何謂「臣」呢？《素問．至真要大論》裡說：「主病之謂君，佐君之謂臣，應臣之謂使。」那何者為君？又何者為臣？《神農本草經》：「上藥一百二十種為君，主養命；中藥一百二十種為臣，主養性；下藥一百二十種為佐使，主治病；用藥須合君臣佐使。」所以佐君者，臣也，當然就不是坊間訛寫的神了。

四臣湯還有一則與乾隆皇帝有關的故事。話說乾隆下江南採訪民情，四位隨行的大臣伴君如伴虎，一路上戰戰兢兢如履薄冰，再加上舟車勞頓，很快就無擋頭病倒了，幸好江南也不缺再世華陀，有醫者開了帖以豬肚為藥引的四臣湯秘方，服過後，四人果然又個個都是一尾活龍了，乾隆也龍心大悅，乃昭告天下曰：「四臣，事成！」所以四臣乃皇上御賜，古時亂寫一通可能要問斬的。

在臺灣四臣湯很常見，大抵食刈包、肉包、米糕、碗粿、肉粽等都配以此湯，那是怎麼流行起來的呢？從前有位美食家唐魯孫說是從嘉義開始的：

「嘉義早先中央市場有一家中藥鋪益元堂，門前設攤專賣四臣湯，因為老闆開中藥鋪，四臣湯是遵古法炮製，現在仍叫本名四臣湯的，恐怕祇有益元堂一家啦。根據嘉義報業先進林抱說：『益元堂老闆，原本是船員出身，因為整年在海上作業，餐風露雨，飲食不調，得了脾氣虛胃弱的病，終日飲食不進，病況垂危，有人傳他一個偏方，每天早晚飲後喝一碗四臣湯，而且要連渣子一併吃下，過了一個多月，居然胃口大開，漸恢復健壯。他知道過分勞苦的人得這種病的比比皆是，於是從此發心，濟世救人……』」

文中的「遵古法炮製」其實並不多見，因為市售的四臣湯裡只取一味，本是茯苓，後來又被薏仁取而代之，亦即四臣成早已功成身退，而扮演藥引的豬小腸和豬肚等反成主角，這是因為真正的四臣湯藥味太濃，眾口難調，有些人還會認為那是一種藥膳。

臺北南昌街郵政醫院後的巷子裡有家「廣東汕頭劉記四神湯」，我算長期的忠實顧客，但我從不只是為了湯頭而來，老闆其實是用當日現買的內臟和大骨炕（臺語唸成 khòng，燉）高湯，且不只準備小腸、豬肚等藥引，乃至於粉腸、生腸、細管、豬鞭等等八個不同的部位，每天都用心清理得乾乾淨淨，坐到攤前，來碗綜合湯，他手上那把剪刀就咔嚓咔嚓的響個不停，一碗滿到快溢了出來，其實這一味料理在我看來應正名為「豬雜湯」。

有無真的將四種藥材全羼進四臣湯裡去的？當然也有。臺北雙連街有家「阿桐阿寶四神湯」宣稱因為四臣不耐久煮，乃磨成細粉加入，可怪的是既已四臣到齊，又何必加薏仁？這中間的烹調道理我就外行了。

頗受老臺北人喜愛，在民生西路與迪化街口擺攤的「妙口四神湯」在擔頭上就擺出了芡實等藥材來，強調全員到齊，小小一張壓克力招牌上也有外文翻譯，日文說明是加入內臟的藥膳湯，來一碗，果然湯稠味濃，又灑入浸泡過人蔘的米酒，總體印象格外深刻，我到處尋尋覓覓，走到這裡，才算找到正港四臣湯，應了臺灣人一句諺語：「有燒香有保庇，有食藥有行氣。」果然一分耘耘，一分收穫，只是這家的英文譯成 Four Sprits Soup，想來譯者還是不知四神湯應作四臣湯啦。

美味店家

妙口四神湯

地址：臺北市大同區民生西路 388 號
電話：0970-135-007

跟著魚夫漫遊

林合發油飯

囝仔健康好育飼

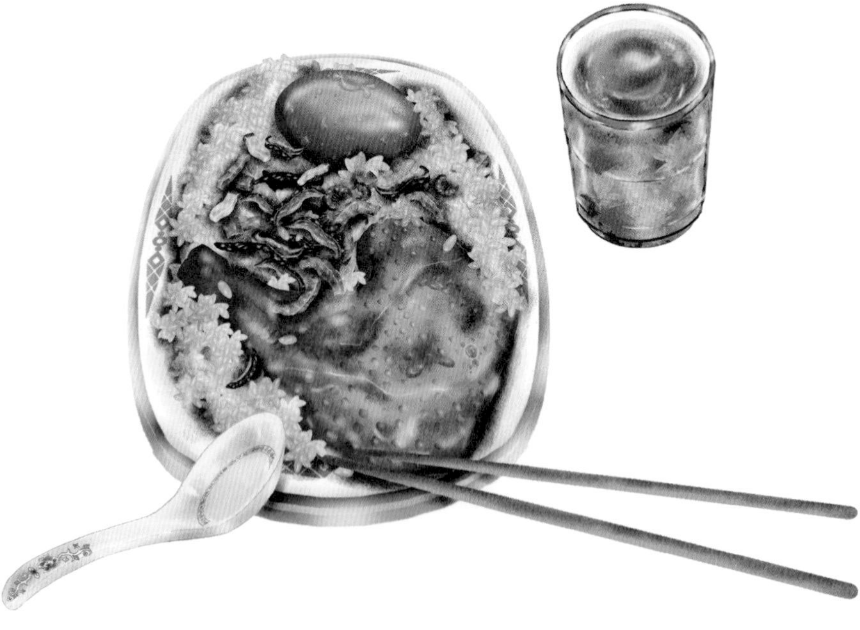

油飯幾乎是每個在臺灣生活的人一定會遭遇的食物了。

傳統上，嬰兒彌月到做十六歲都得準備油飯。大抵小兒出生十二天後，有個「報酒」的習俗，當天得準備油飯和麻油雞酒來祭拜神佛、祖先，焚香燒金紙，當然是希望神佛祖先保佑小孩快快平安長大，拜完了，再把油飯、麻油雞酒包好放在謝籃裡，送回娘家通報喜獲麟兒，這叫報酒。

如果是第一胎，出生後第三天，就得答謝媒人，由幼兒生父親自送達，表示感謝經過媒人的努力，已經有了愛的結晶，假如是男嬰，那媒人更得回贈石頭一顆，祝新生兒頭殼硬硬，好育飼。

只是現代人早不時興這一套，一個生日蛋糕就お勘定，算結帳了。反倒是有一回到臺北的永樂市場，憶起新聞報導大富商郭臺銘續弦後，生了一位千金，乃遵古禮，指定百年老店「林合發」的油飯分送親友，選價格落在一百七十到兩百一十元間「進階版」的禮盒，花費約二十萬元。

不過郭董新舊並陳，還選了「阿默」的彌月蛋糕，而蛋糕的價位比傳統油飯還花錢，價格在兩百五十到兩百九十元間，非常

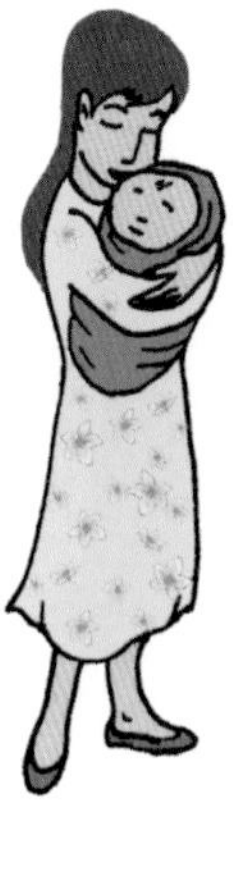

高檔。

聽說油飯在府城的用途不只家有紅嬰而已。家中若有未滿十六歲的小孩，古早時代，父母會弄來一碗油飯在小孩床前祭拜鳥母，口中祝禱「膨膨大，好育飼」；臺南還有「做十六歲」轉大的成年禮，這一天也得準備油飯和麻油雞到廟裡去拜拜。

油飯好吃的製作要訣，首先是選國產的陳年糯米，一年左右者最佳，其次醬汁不可過量，過量則汁油會沈到油飯下方，留下一層薄油，口感就會變得太油膩了。

現在臺北的永樂市場、迪化街經常出現外國觀光客，油飯的英文翻譯有人說是 Glutinous oil rice，重點在 Glutinous 有黏性這個字眼上，日文的翻譯，有人說是「臺湾風おこわ」，也有主張「炊き込み」者，前者是一般米為食材，後者是糯米，但不都不足以形容油飯，我總覺得要將臺灣美食介紹給外國人，硬翻只會作繭自縛，滷肉飯在日文裡翻自國語發音的ルーローハン或臺語的ローバープン都通，就像 **Pizza**、拉麵等，把音記住了，反而吃得到真正的在地味道，油飯當然也是。

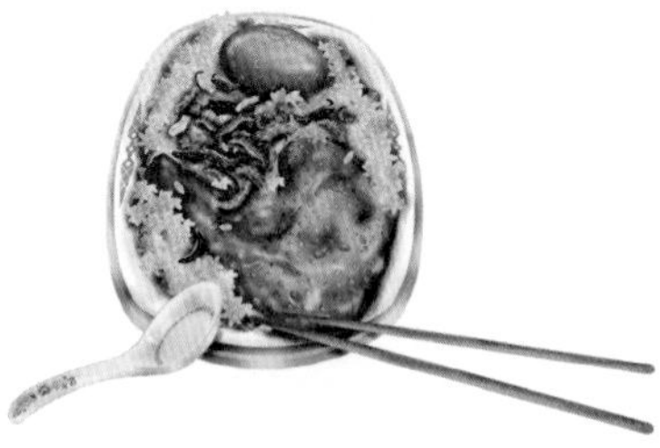

美味店家

林合發油飯

地址：臺北市大同區迪化街一段 21 號
電話：(02)2559-2888

跟著魚夫漫遊

迪化街老麵店

不厭其煩的傳承

臺北迪化街暗藏了許多飲食攤都是所謂的老店，像永樂市場裡的「林合發油飯」創立於西元一八九四年，又如民樂旗魚米粉，現在的店主黃清的父親，從十八歲時便挑著擔子在大稻埕的路邊開賣了；再說巷仔內「臺北條仔老店米苔目」招牌上標榜一九五〇年創立；迪化街、民生西路口的「妙口四神湯」，一九七三年伊始，時間較晚，也已快五十年了，不過真正的四神湯在這裡，除此之外，許多人吃到的其實是薏仁豬腸湯；還有一家七十年（以上）的老店，不囉嗦，就叫「老麵店」，隱身在迪化街北段尾巷弄中，反正是老字號，熟門熟路的自然會摸過來，安啦。

來找老麵店要注意，沒有大看板，只有一塊小小的招牌燈，白底紅字寫著三個字：「老麵店」，燈亮了，才算開始營業。一入內，從前有位美食家王瑞瑤鑽到這巷子內，留下第一印象就是：「老店給人印象很白，牆壁白，桌子白，麵條白，抹布白，老闆的汗衫和頭髮都很白。」這在臺灣麵店環境中鮮之見也，想來如果要長期維持如此乾

淨，非得要有日本那種職人精神不可。

老麵店另有別名：「四醬麵」，即將白麵置在盛有四醬的碗裡，這四醬混搭了麻醬、炸醬、油蔥豬油和鹹水等，攪拌起來就產生了奇妙的變化，口感非常濃郁，屬老臺北人愛吃的重口味；湯有傳統皮薄餡飽的小餛飩，而肉骨湯則頗能去油膩，誠屬乾拌麵的最佳拍檔。

老闆姓強，名字堅不透露，戰後隨其母在路邊擺起麵攤，他們家用的大骨湯可不是一般豬頭骨，而是豬大骨，聽說是當時攤家裡率先如此熬製；強老闆到了四十餘歲開始掌勺，後來街頭攤位遭警察驅趕，才去找店面安頓下來。

店裡每一道食物的料理，仔細來看都很用心。除了醬料、湯頭之外，滷味處理也很講究，豬耳朵、豬皮、豬腳等細毛都拔得很乾淨，那豬皮食來膠、膠、膠，感覺像要把嘴巴給黏了起來，其中有一味麵攤上少見的豬尾巴，嘗來肉厚骨軟，尤為一絕；最後是滷蛋，果然用的是鴨蛋，較雞蛋大且蛋黃香，這些配料，不用說都很厚工。

日本有名的作家池波正太郎從一九八一年一月開始在《小說新潮》雜誌上連載飲

食文章，最後結集成《昔日之味》一書。大抵是講述與他一生有關的美食和店鋪，我看得津津有味，還專程循著地址到東京去品嘗，書中所寫的店家歷史都很悠久，也保存了所謂的古早味，但看書中所言與實景對照，這些店都具有日人特有的職人精神，極端注重每個細節，不怕繁瑣，才能不但存有古早味，也才能在傳統中再創新。

我手上有本《匠：次郎哲學》的書，描述米其林三星級日本壽司之神次郎的匠心獨運，讀到其中一句，說「非常麻煩」在次郎的店裡是禁語，唯有費功夫才能做出美味的食物來！（次郎では、面倒臭いは禁句。手間を掛けて美味しくするんです。）

所以參透職人精神了嗎？不就是不厭其煩的把工作細節做好嗎？

美味店家

迪化街老麵店

地址：臺北市大同區迪化街二段 215-8 號
電話：(02)2598-1388

跟著魚夫漫遊

郎食米粉你喝燒

胡記通化街米粉

從前《自由時報》的社址就在伊通街附近，伊通街的美食也很多，其中有家「胡記通化街米粉」則是我去報社交漫畫或訪友時常去的一家店。

大箍米粉中南部人說那是臺北米粉，作粗短狀，不像一般常見的細長米粉，其實這種臺北米粉很像福州的粉干，煮法更像撈化米粉。

據聞粉干在明帝國之前有些別名，諸如米線、線粉、米纜和米糷等，具有色白、條細、耐煮、鬆軟等特性，和細米粉的不同就是粗細和長短的差別，細米粉亦可稱細粉干。我有回去他們中國福州，在聚春園餐廳裡就吃到糟菜炒粉干，一問之下，原來是道福州名菜。糟菜跟酸菜一樣，要經過醃製的過程，將芥菜晾乾後，加入鹽、酒糟等在陶甕中醃漬，和粉干炒起來，有股酸香的味道。

另一種街頭常見的是撈化米粉。這種食物用的是細長的興化米粉（興化現已歸入媽祖故鄉莆田的管轄），所以全名應叫「撈興化米粉」，店家在擔頭擺出豬雜、牛肚、海鮮、河鮮、菜蔬等十數種配料，一口撈鍋，水氣溺溺，用豬骨或牛骨或海鮮炕高湯長達六小時，撈時先將米粉入沸水中氽燙一會兒，再將米粉放進高湯中入味，撈出盛於碗中，再將先前旺火炒熟的配料舖上來，這就是一碗香噴噴、色香味俱全的撈化米粉了。

再有一回，我到中國泉州去，叫了一碗臺灣人很熟悉的炒米粉，當地人說，從前泉州人男女結婚後，女方要送炒米粉去夫家，一家人共食，這用泉州話來說，叫做：「吃米粉，相吞忍。」意思是夫妻吵架是常態，但記得相互寬容，才是王道。

說到他們中國泉州米粉，我倒想到臺灣人也有句話說：「泉州人賣米粉」歇後語是「沒你的份」，因為用泉州腔發聲：「賣米粉」很像臺語「沒你份」。

小時候看布袋戲，有時會突然出現一句無厘頭的詞：「金光沖沖滾，烏魚炒米粉。」烏魚炒米粉我沒吃過，但米粉湯煮白鯧，其味甚美，是臺菜裡的招牌。

米粉在臺灣主要的生產地在新竹、彰化芬園和南投埔里，原因是新竹、芬園風大、埔里水好，新竹到了農曆九月至十一月時，東北季風（九降風）吹起，能將曝晒中的米粉迅速風乾，口感更有嚼勁。

順帶一提，新竹的米粉最適合炒米粉，後來又因黃海瑞發明了摃丸的製作法，從此以後，炒米粉和摃丸湯結為連理了，居然最是「四配」。

新竹從前還被叫成「米粉寮」或「米粉窟」，聽說是十七世紀由泉州惠安黃塘鎮後郭自然村遷徙至新竹的南勢，用祖先傳下的「以米榨條」的祕技來製作米粉。而米粉的原型其實是粗短的水粉，細長的米粉是日治時期才發展的技術。

下水汆過的米粉叫水粉，汆者，臺語作「煠」，唸成sa̍h，臺灣埔里或芬園都屬這一類。彰化芬園楓坑水粉據說產量占了全臺九成以上，因為地處八卦山頂，強風狂吹，也和新竹一樣產生風乾作用；另一種用蒸的本來也叫米粉，但後來改採玉米成分，乃遭政府強製遭過一定的成分比例就得改名為「炊粉」，蒸的臺語就是炊，炊粉對許多人來說，不只口感盡失，有如嚼尼龍繩，所以我每回見人賣米粉，都得有言在先是米粉還是炊粉？

在中南部細米粉或幼米粉較受歡迎，像嘉義、臺南就有綜合麵與米粉的口味叫「米粉麵」；水粉則在臺北常見，所以被稱作「臺北米粉」，又喜和豬雜、豆腐、菜頭等混煮，久煮不爛且非常入味，又因米粉燙口，乃最好再點些小菜來歇嘴，每回見人食大箍米粉，那副津津有味的樣子，我都會忍不住想起那句臺語俗諺：「人咧食米粉，你咧喝燒！」

美味店家

胡記通化街米粉

地址：臺北市中山區伊通街 104 號
電話：0989-965-725

跟著魚夫漫遊

波麗路西餐廳

掀開潘朵拉飯盒

波麗路是臺北從日本時代開始的老字號西餐，那時賣洋式料理的店都很「毛斷」（modern），招牌必備英文BOLERO，而且還得有片假名ポレロ，才能顯得時髦，戰後則將日文片假名取下，改採ㄅㄆㄇㄈ來注音。

這家餐廳定義了老臺北人西餐的形式，大稻埕的商人諸如辜振甫、王永慶、吳火獅、蔡萬霖等巨商名賈等據說都是常客，也是時下年輕人阿祖級臺北男女相親的最佳場所。

現不管招牌如何改，味道嘛，我問過一位高齡九十有餘的前輩，他證實沒啥變，現在去連餐具都沒變。點來招牌法國鴨子飯或附魚鬆的咖哩飯，端來時是個特製鋼材圓飯盒，得掀開來一層層地擺開才能開始享用，這種多層式便當盒，聽說是創辦人廖水來的精心設計。

小時候，我讀鄉下學校離家近，母親大人每天做便當，中午親自送來讓我享用，她總是絞盡腦汁要讓我吃到最豐沛的菜色，本來只是掀開便當蓋，就看到當日的

美味菜肴和米飯，有一天，竟然出現有夾層的便當盒！內容真是羨煞許多同學了。

母親那種夾層便當盒，唸來是「hango 啊」的音，後來我才知道是日語はんごう（飯盒）內化成臺語，「hango 啊」現成了環保潮流下的可回收餐具，最受歡迎。

日本有一種借用戰國名將武田信玄的信玄便當也是好幾層。我曾聽聞臺南現遺跡猶在的「鶯料理」，從前即有一味最高貴的「信玄辨當（便當）」一餐，外觀呈橢圓形，總計三層，最上方為野菜（即菜蔬）、沙拉，中間是鰻、蝦或鯖魚等，最下層才是白飯，老一輩曾經嘗味的人都說美味しい！

多層式的便當最為人所知者者，應是印度便當盒了。印度人的飲食裡，各種咖哩是必

備，另有飯前各式沙拉，一餐多食材，所以要用夾層分開，最上方的提手有個鎖，可以讓想偷吃的人知難而退；其次印度人不愛外叫食物，一定要食自家做的，乃衍生一個叫「達巴瓦拉」（dabbawalla）的行業，達巴就是便當，瓦拉就是送便當的人，統計每天有數十萬個便當被送達、吃完、收回，但我總覺得這種便當承載的不只食物，盒中的故事有如潘朵拉，講也講不完啊。

美味店家

波麗路西餐廳

地址：臺北市大同區民生西路 314 號
電話：(02)2555-0521

跟著魚夫漫遊

山海樓一品鍋

復刻臺灣酒家菜

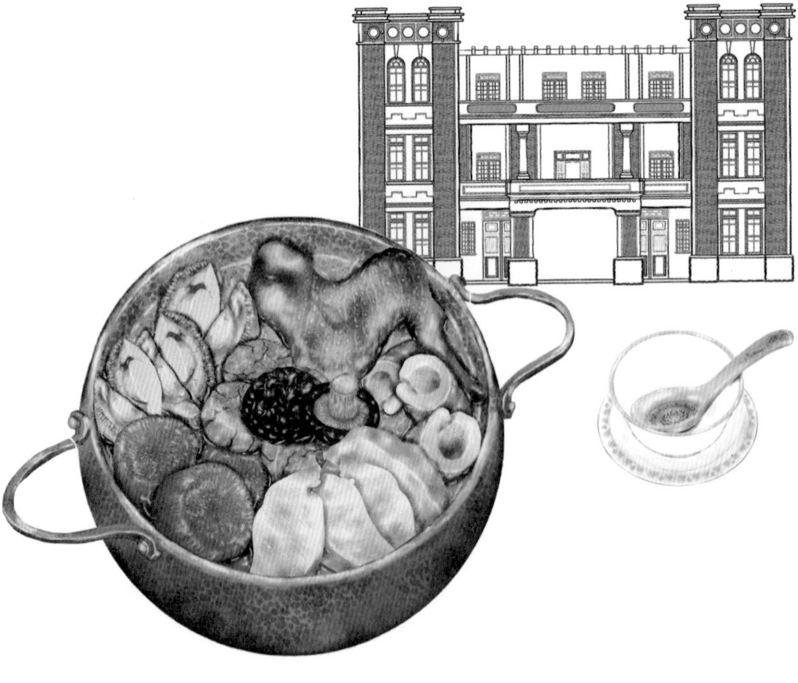

有一回和友人提及日本時代大稻埕四大旗亭，所謂旗亭就是有女侍的風花雪月場所，分別是「江山樓」「東薈芳」「春風樓」和「蓬萊閣」等酒家的料理，其中蓬萊閣的「一品鍋」聽說還有傳人，而且也能復刻出來。

友人乃自告奮勇，說他娶了寧波婧某，岳母大人曾將獨門手路給傳了下來，而所謂「一品鍋」更是絕活，不可不嘗。

果然，有一回來了通電話，約兩天後齊聚享用，因為準備功夫需時至少四十八小時，須先分別熬製火腿、雞腿（從前用整隻雞）、豬肚、豬腳、鴨蛋、百葉結、白菜、筍子、筋條、蛋餃等，然後再將燉過的湯汁精華滙整成一鍋，才叫大功告成。

這一鍋赫然擺在眼前，旁及其他山珍海味，實不知如何動箸？心忖一碗高湯便足以引發痛風矣。

一品鍋者，其實並不限定內容，請教得名緣由？古人油嘴滑舌的編了則乾隆微服出巡來到安徽績溪上莊村，因在山中兜兜轉轉，誤失用餐時間，就當地農家借食一餐，上

莊人好客，把家中美味食材全奉獻出來款待來客，做出一大鍋，乾隆大概是餓昏了頭，但覺比他在皇宮裡那些炮鳳烹龍好吃太多了，就問這一味是什麼名字來著？

「一鍋燴！」鄉下人又能取出什麼雅名來？乾隆認為不妥，皇帝哪有那麼隨便吃吃的？因此欽賜「一品鍋」，從此奉天承運，皇帝詔曰，這一品鍋便成徽菜中的名菜。

上莊是胡適的故鄉，他當過中華民國駐美大使，這一品鍋自然隨他出洋去了。因為要招待外國賓客，弘揚母國飲食文化，自然得精益求精，雞、鴨、火腿、香菇蛋，看來普林質高的全用上了，層數有六、七層之多，早已和鄉下的一鍋燴不過是一些野菜、豆腐等不同了，從此走向精緻繁瑣的境界。我讀過美食家唐魯孫一篇〈一品富貴〉的文章，他說一品鍋在過年吃團圓飯時，為了求吉祥，易名為「一品富貴」，而且：

「一品富貴裡的湯，不是白肉湯就是雞鴨湯，其中主要的菜是金元寶、銀元

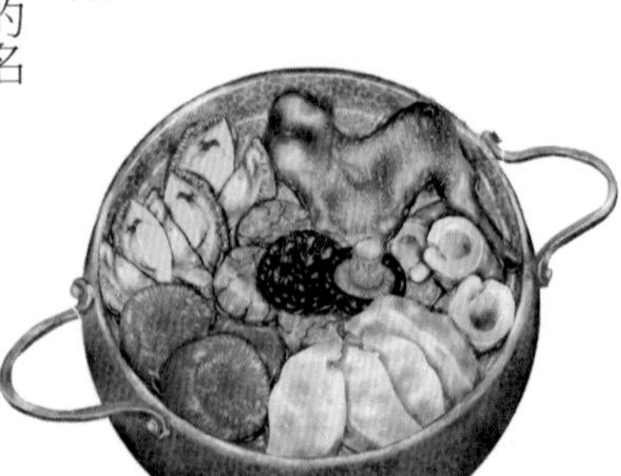

寶，所謂金元寶是雞蛋餃，銀元寶是小鴿蛋，整隻蹄膀叫一團和氣，黑刺參跟墨魚用海帶絲綁在一起叫烏金墨魚，雞翅膀鴨翅膀叫鵬程萬里，冬筍叫節節高陞，粉絲叫福壽綿長。有些人家還特別放上風雞頭糟雞尾，叫有始有終。加上火腿腳瓜，自然菜味更為鮮腴，也有個名堂叫平步青雲。」

又因為一大鍋的材料，普通燒銀炭的火鍋裝填不了，得用紫銅蘇鍋才滾得動，而且南北做法不同，南方又更海錯江瑤，窮極奢華了。

這一描繪，令人神往，心想那蓬萊閣酒家的一品鍋又是如何？

當年的蓬萊閣菜單居然是由一位不識字的廚房學徒黃德興保存下來。黃德興在戰後進入蓬萊閣習藝，一九五二年圓山飯店開幕後，宴席酬酢的場所大翻轉，兩年後，十七歲的黃德興在酒家關門大吉時撿到一本蓬萊閣的完整菜單，不過就算學富五居，這菜單也非常人所能破解，因為裡頭涵蓋粵川閩三大菜系，原中國請來的師傅回國去了，那就無從得知諸如活捉子雞、五牛分屍、犀牛望月等是什麼碗糕了。

好在當年的一品鍋復刻出來了。臺北的山海樓手工臺菜餐廳在二〇一九年獲得米其林一星級的殊榮，就敦請黃德興來指導：「首先先將櫻桃鴨與白菜下去低溫烹調十二個小時，取其精華，再加入金華火腿、野生魚龍骨等熬製的上湯中五個小時，最後再加入鮑魚、乾婆蔘、北海道干貝、厚肉椴木香菇、豬腳筋等高檔食材蒸煮兩小時，湯頭滋味濃郁但有層次。」

有趣的是要嘗這一味，不好意思，也要三天前預定，這等待是值得，但有痛風宿疾者，我看也就不必來湊熱鬧了。

美味店家

山海樓手工臺菜餐廳

地址：臺北市中正區仁愛路二段 94 號

電話：(02)2351-3345

跟著魚夫漫遊

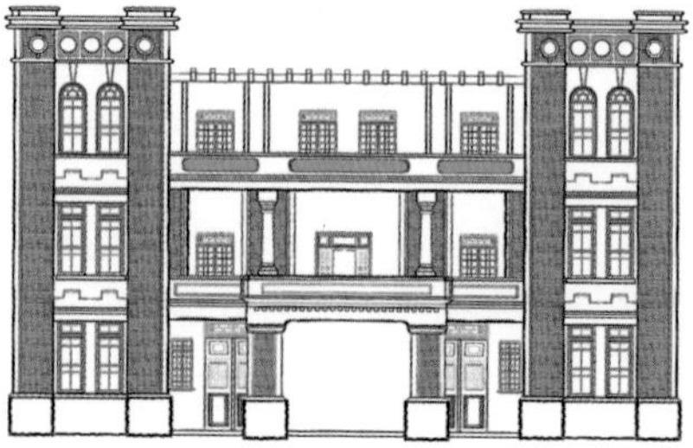

龍門客棧餃子館

做個孤獨美食家

座落在臺北市「青少年育樂活動中心」旁有座鐘樓，許多人走過視若無睹，或抬頭匆匆一瞥，復疾行，揚塵而去。

就四、五年級生來講，如果年輕時又是文青，那肯定會佇足留連，許多回憶如潮水般的湧現。

在日本時代，這裡其實是曹洞宗大本山臺北別院，一九三〇年落成，規模龐大，係當時臺北三大佛教建築之一，難能可貴的是在寺殿右方築有漢文化閩南建築式的觀音禪寺，至今猶存，鄰近的泰北中學其實也是寺產。

戰後日本人「引揚」回國，臺北市的日本寺廟大都成了軍人及軍眷逃難臨時棲身之處。慢慢的反攻大陸無望，只好就地搭蓋各式違建住了下來，娶妻生子之後又食指浩繁，為了貼補家用，便各自賣起了各式小吃，由於鄰近臺大，居然也逐漸在學生中打開知名度，我時任地址在濟南路的《自立報系》主筆，許多報社好友便經常就近相約來聚餐，買來一手啤酒、一盤水餃、滷味，酒過數巡，就罵起政府，也算不亦快哉啦！

那時節，這地方凌亂無章，人聲喧嘩，哪有什麼佛門清

淨？也沒人知道這原來是座日本的禪寺。鐘樓是黑色薰瓦、以砌石為基座，屋頂乃單簷歇山式，不過到了戰後早就開始傾頹，大概看起來很像電影裡武俠片的背景建築，乃有人以「龍門客棧」呼之，竟被這裡的常客默認接受，從此便以這名字行世，走，晚上到「龍門客棧」喝一杯吧。

一九九三年政府為整頓市容，將違建遷走，其後破落的大殿也遭拆除，只留鐘樓，我也離開報社往電視圈發展，這下水餃、來盤滷味、飲ビール（啤酒）、罵政府的日子已然遠離，如今鐘樓修好了，周圍恢復乾淨整齊，望之凜然，口誦阿彌陀佛，哪裡還敢狂言穢語？但暗忖到底本來的商家是搬到哪裡去了呢？

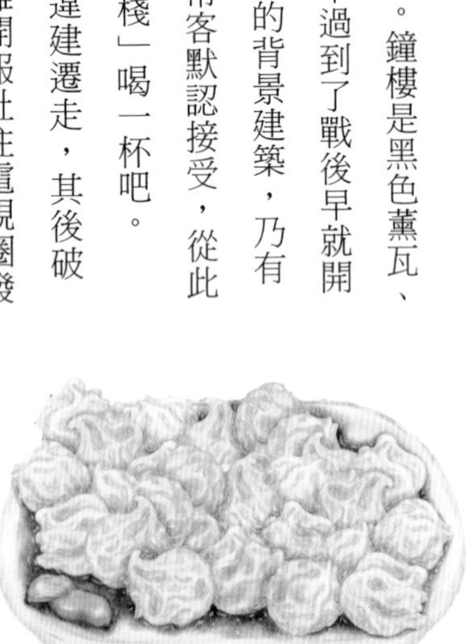

多年後忽然有人告知搬到林森南路的巷子裡去了，現正名為「龍門客棧餃子館」，還有請孔子第七十七代孫孔德成來題字，如此這般便提升到堯舜禹湯文武周公中華道統之列了。

這家店的第一代老闆是來自山東的姜志民，現已由女兒姜國梅接掌，姜小姐天生長得一隻電動快刀手，站在滷味櫃子前，手裡剁剁剁的剁個沒停，砧上無物也照樣剁剁剁，可怪的是免插電但速度還平均差不多快。

如今龍門客棧天天爆滿，大排長龍，而且許多是年輕人，他們是來嘗味道的，而我這種年紀的人是來吃懷念的，還沽來啤酒長霸桌子不走，幸好，當年我那些文青同志們，到今天不是廉頗老矣，要不然就是入朝為官，這巷子裡的小店和身分不搭，算了，就草民獨自來喝一杯，扮演起孤獨的美食家，至於罵政府，早沒聽眾，混酒吞了吧？

美味店家

龍門客棧餃子館

地址：臺北市中正區林森南路 61 巷 19 號
電話：(02)2351-0729

跟著魚夫漫遊

永康街美食

一籠湯包的回憶

一九八八年舍弟和我一起在臺北市的麗水街合作開了一家「魚夫家飯」餐廳，由我家婧某充當外場，生意沖沖滾，當時我常在周遭帶著女兒閒逛等老婆忙完，這倒也在心裡頭默記了許多附近商家的故事。

有人問我家餐廳賣些什麼菜？我打趣的說：「魚夫家飯統一中國。」好吃就做來賣，諸如豆干炒肉絲、蒜燒黃魚、砂鍋獅子頭、圓籠排骨等。

在我們那家店旁的巷子有家小小的日本料理店，賣的品相不是很多，座位也少得可憐，但我三不五時也會坐在他的カンター前小啜兩杯，這家店老闆也就是後來人稱日式Buffet教父，開設「上閤屋」的蔣正男。

越南河粉是什麼味道？大抵一九八〇年在永康街六巷巷子口開業的「誠記越南麵館」說了算，小小攤位擁擠不堪，用餐環境不怎麼舒適，現在由第二代接手，生意愈做愈大，

乃在對面租下一間店面，稱永康二店，光鮮亮麗，令人耳目一新。

誠記的小店面是跟永康國際商圈理事長李慶隆承租的，後來理事長不甘當個包租公，就跟「厝腳」商量，讓出一坪地讓他來賣天津蔥抓餅，如今經常大排長龍，被商業雜誌評選為坪效最高的店面。

早期天津蔥抓餅斜對面的三角窗是賣芒果冰的「冰館」，好像是在一九九七年創業的，起初生意也不怎麼有起色，有回看見有人在店裡彈吉他，大概是太閒了，哪知現在變成版圖大到日本東京表參道去了的「Ice Monster」。

早期永康商圈也給饕家們留下美味牛肉麵的記憶。緊臨冰館的「中壢牛家莊」的客家炒牛肉麵是我的最愛之一，更早前，永康公園邊鄭姓老兵川味紅燒牛肉麵，就是現在金山南路巷子內「永康牛肉麵」的開基祖；位於信義路、金山南路口的寶宮戲院的亭仔腳，有家唐矮子的牛肉麵，滋味辣得很過癮，一九九八年戲院結束營業，聽說老唐到美國去另起爐灶了。

永康商圈鼎泰豐，黃金十八摺的小籠包名聞天下，本來是一家油行，一九七二

年轉賣小籠包，反而大發利市。有回我家婧某因餐廳需要七打大同牌湯匙，正在連雲街、信義路口的一家店採購時，後方傳來小老闆楊紀華的聲音：「老闆，我要七十打！」現在七十萬打大概都嫌太少吧？

永康商圈的故事像一籠湯包，躺著如菊花，夾起似燈籠，宜一顆顆來細嚼慢嚥。

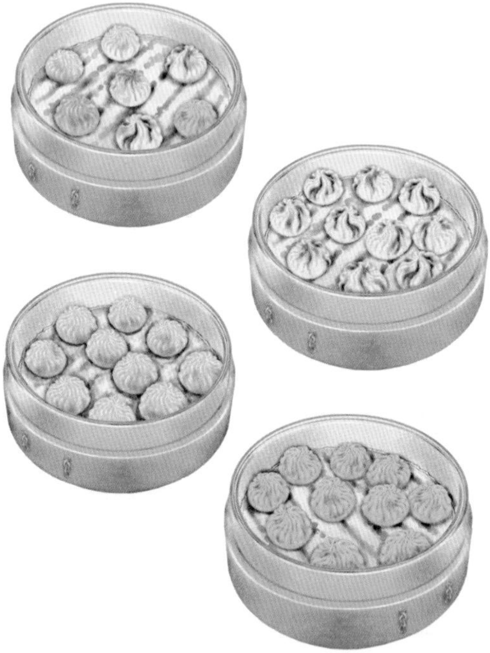

美味店家

天津蔥抓餅

地址：臺北市大安區永康街 6 巷 1 號
電話：(02)2321-3768

跟著魚夫漫遊

吳留手
呼乾啦之居酒屋

有一回到東京「臺灣文化中心」去演講，講題是只有在臺灣才吃得到美食，在問答時間裡，有人提問臺灣人的酒量是不是不太好？

怎會？臺灣人千杯不醉者大有人在？當下我心中想到夜市裡燒烤店那些酒國英雄。

原來那位日本觀眾的疑惑是為什麼同事、同學之間下課放學時，不會呼朋引伴去喝一杯？其實是國情不同，臺灣人放下手邊工作後，鮮少和上司、師長去喝

酒，不像日本人非得滿身酒氣才要回去，我年輕時第一回到東京，以為在外頭逛晚一點，搭地鐵才不會那麼擁擠，哪知愈晚人愈多，一車子都是酒臭味。

路邊的燒烤店喝一杯，是我那個時代的一種享受，然而現在年輕人喜歡去夜店，或者歐式小酒館（bistro），而日本的居酒屋，更是人聲鼎沸，鬧熱滾滾。

居酒屋是從日文漢字直接移譯過來，大部分臺灣人固然知道那是一種喝酒的場所，但不知「居酒」（イザケ）即有停下來喝酒的意思。早期居酒屋在臺灣並不流行，有位電視明星曾花鉅資開過一家仿北海道爐端燒的居酒屋，即在廚師前擺滿新鮮的食物，每完成一道菜，便大喝菜名，再放上木槳，伸到坐在吧檯的顧客面前，煞是有趣，只是後來經營不善，關門大吉。

居酒屋的成敗，在我來看，好吃的雞肉燒烤是基本要求。其實居酒屋又有個「烤雞肉串鋪」的別稱，或者大紅燈籠高高掛，上書ヤキトリ（燒鳥），復因為大多數的屋酒屋會拿紅燈籠來當招牌，所以日文又以「赤提灯」來稱呼。

燒烤要用炭火烤，燃點高又有肉汁淋在木炭上的香味，聞來就立刻肚子餓了；既來到居酒屋，那就一定要喝酒！而且要先喝啤酒，如果要假裝很在地，就來學一句：「好吧，（姑且）先來杯啤酒吧！」（とりあえず、ビール！），日人相信啤酒有開胃效果，酒來了，大家都斟滿，但也得注意禮節，比如身分愈高，酒杯才能舉得愈高等等。

從前我在臺北麗水街有家生意沖沖滾的餐廳，後來因種種因素收了起來，十幾年後發現永康商圈的生態變化很大，日本料理來勢洶洶，女兒有回請我來這裡其中一家「吳留手」居酒屋，門口乃大排長龍，型男美女爭相入內，只是在我那個年代裡，人們來排隊等待的則是我那家「魚夫家飯」的中餐店，想來永康商圈得正式宣告抗日戰爭開始了！

美味店家

吳留手

地址：臺北市大安區麗水街 5 之 9 號
電話：(02)2396-0680

跟著魚夫漫遊

第3個十年
四十而追尋

天婦羅
清脆油炸天籟聲

天婦羅或作天麩羅或天ぷら或天ぷ羅，日語發音是tenpula，臺灣譯成「甜不辣」，賣的雖也是炸物，其實是較接近「御田」，發音為おでん（oden），臺灣寫成「黑輪」，所以從漢字上看，不管是甜不辣或黑輪都很難聯想成高檔的食物。

但在日本，吃客天婦羅可就貴得令人咋舌。大門口和服女士招待，進入餐廳，師傅一襲白色廚師服，講究者還打領帶，這就已經告訴我們，天婦羅≠甜不辣。

美食要色香味俱全，但天婦羅又添增一樣劈哩啪啦清脆的油炸聲響，所以無須放音樂干擾這令人食指大動的「天籟」。

許多老饕一進日本料理店，就相準最接近「板前」（廚師）的席位搶先坐下，聽說這是讓食物，尤其是握壽司，能在最快的時間內從板前手中送到客人的壽司下駄（餐盤）上。天婦羅亦復如是，位置要選「鍋前」，最能享受美妙的油炸滋滋響聲和剛從鍋中撈起的鮮甜美味。

割烹料理有只小盤放在客人面前擺壽司，因是冷食，材質不拘；天婦羅也有「揚げ台」，但一定得木製才能保溫，上頭

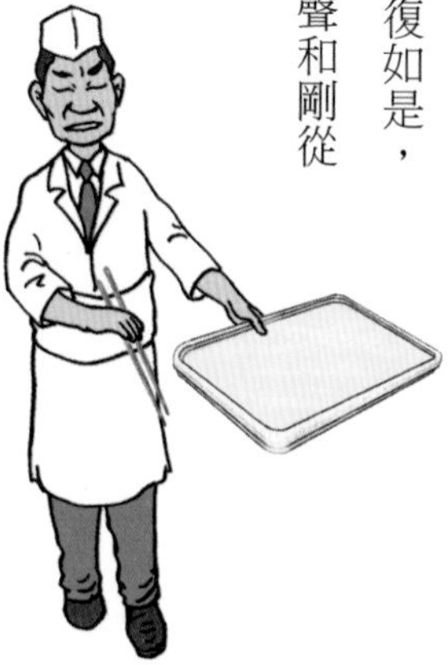

放了一張「天紙」或「敷紙」來吸油。三種調味料，分別是天汁、鹽和蘿蔔泥，大部分的炸物，只須拈來少許鹽巴撒在麵皮上提味，有些人喜將蘿蔔泥夾進天汁裡攪拌，這和把芥末拌在醬油裡一樣，萬萬不可，最好是在炸物上鋪上薄泥，再去沾點醬油來增加鹹瞻（kiâm-stiam，臺語，鹹味）即可。

據聞第一道最好點蝦子，在視覺上紅貢貢、喜氣洋洋，用燃點高的胡麻油先炸蝦腳，咀嚼起來在齒頰間「切切」作響，但也聽說，最好第一樣不要點穴子（星鰻），因為鰻魚的油溫要求比一般高，會影響整鍋油後來的品質。

食壽司時，通常會有一小碟的薑片，這是用來轉換口味，天婦羅則是炸蔬食，但只消表面短暫過油，封存菜蔬內裡春天的訊息就很可口了。

天婦羅在日本我只敢吃商業午餐的價位而已，至於臺灣甜不辣乃銅板美食，當然大異其趣。

肥前屋 漫談鰻魚飯物語

年輕時和鰻魚飯的初邂逅是在林森路的肥前屋，生意沖沖滾。有回在選舉日，人們錯以為這門口大排長龍的場所肯定是投票所了，好不容易排到前頭方知是餐廳，算了，政治是暫時的，先吃再說。不過這家主要是賣鰻重，用四方形的漆盒子裝，後來我發現七條通裡還有家名喚「狸御殿」的居酒屋，點來爐端燒上一夜干的ホッケ（翻成花魚，意思是北方的魚），外加幾樣小菜，小酌兩杯，結帳前要是肚子餓了，就可以來份圓碗裝的鰻丼，不管是鰻重或鰻丼，其滋味都齒頰生香、餘韻繞梁。

不過狸御殿後來搬走了，如今日本鰻飯大舉襲臺，濱松屋、劍持屋、京都屋等全面開戰，這也好，讓我見識到了不同的鰻飯境界，旅行日本國，逐漸明白日本每年夏季，有所謂的「土用丑日」，約於夏季落在七月十九日到八月七日之間，是一年中最為酷熱的日子。

也不是只有我們臺灣人有進補的觀念，日本人相信在土用丑日那一天要吃有「U」開頭的食物才能補身子，諸如梅子（ume）、烏龍

麵（Udon）等等，其中「鰻魚」（うなぎ，unagi）尤為必要。

為什麼要食鰻？據說是夏天鰻魚滯銷的推廣手法，就像咱們臺灣不知從什麼時候中秋節變得家家戶戶要烤肉一般，都是商人搞出來的噱頭。現在鰻魚飯在日本賣得沖沖滾，如果日本去不成，臺灣也有許多鰻飯店，生意也都大排長龍，然而鰻魚的吃法有分教：

日文漢字裡的鰻重（unajuu）和鰻丼是（unadon）不同等級。鰻重就是在高級的「重箱」漆器裡鋪上一層白飯，讓烤好的鰻魚躺在上方，通常再分松、竹、梅三種等級，當然，「松」是最為豐盛，但也最貴了。

如果像我這樣，阮囊羞澀又想吃天鵝肉，那麼將就點，鰻丼也不錯，只是人家鰻重用的是中段的鰻魚身，肉厚而骨稀，鰻丼以成本考量，當然近頭或尾的部位居多了。

常見的鰻魚食材有三種，我們吃到的鰻重或鰻丼大部分是河鰻，在河川湖泊裡生長，長成後回大海產卵，結束一生，此種宜蒲燒。再有一種，臺灣人稱星鰻，日文寫成「穴子」（anago），是日本料理尤其是天婦羅裡的美饌，江戶前（東京灣）者尤為上品。

鱧（hamo）則是京都人的最愛，是祇園祭的旬味，梅雨過後七、八月間的珍饈。

殺鰻、烤鰻亦有學問。在日本料理裡關東、關西總是打對臺，關東的要先將鰻魚蒸過，但古早時代關東武士多，最忌「切腹」，板前廚師乃不得不從較為厚實的背部下手；關西則直接由腹部開膛破肚，這反而有點像我們臺灣吃炒鱔魚，殺魚時是將魚頭釘住，順著腹部劃開，如此肉質最是香脆。

至於關東和關西的鰻飯何者為佳？那當然是阿公要煮鹹、阿嬤要煮淡，眾口難調了。

美味店家

肥前屋

地址：臺北市中山區中山北路一段 121 巷 13 號
電話：(02)2561-7859

佃煮與美味北齋

佃煮與葛飾北齋

在日本東京墨田區參觀過「北齋美術館」後，買了些紀念品，其中有一樣「美味北齋」，利用國際馳名的北齋繪畫作品諸如〈神奈川衝浪裡〉〈凱風快晴〉的赤富士等為包裝，裝入日本人特愛的佃煮，不在菜市場，而是在美術館裡販售。

佃煮（つくだに）是一種非常傳統的日式配飯佐料，非常下飯，食材主要以海產為主，諸如昆布、蛤仔、太平洋玉筋魚等，以其容易保存，聽聞從前日軍征戰時，這是非常重要的軍糧。

鼎鼎大名的葛飾北齋是日本江戶後期的浮世繪師，本名中島時太郎，江戶時代後期的一七六〇年出生，是日本美術史上的奇才，一生創作不輟，產量驚人，其中尤以富士山為主題而創作的系列風景畫《富嶽三十六景》，最是膾炙人口，後來更是影響西洋繪畫甚鉅，且有「西方現代主義之父」的美譽。

歷史上一八五四年美國強權壓境，日本被迫簽下〈神奈川條約〉，開啟下田及箱館兩港，自此鎖國體制崩解，隨著與西方往來日益密切，一八六七年法國在巴黎的戰神廣場舉辦了一場世界博覽會，在日本館裡，浮世繪版畫包括北齋的作品呈現在歐洲畫家的眼前，造成了極大的震撼，倫敦大學的歷史教授 **Angus Lockyer** 更指因為有了北齋，才出現代藝術，繪畫不必仿製現實，畫家可以自由的創作，所以如今梵谷黃色的天空、莫內的乾草堆、塞尚的蒙特聖等等，都是受到日本浮世繪的啟示，而呈現更自由的畫風。

那一年的博覽會印象派大師莫內剛好到臨，他收集了兩百五十幅日本版畫，其中有二十三幅就是葛飾北齋的作品，他極度喜好日本的浮世繪，還有一幅作品把老婆畫成身著和服，手持日本扇子的模樣。莫內甚至在花園裡建造了一座日本橋，據說靈感來自浮世繪另一位畫家歌川廣重畫的日本太鼓橋，浮世繪與印象派畫家展，是日本美術館界至今的重要展出主題。

日人為了推崇葛飾北齋，還在他的故鄉墨田（すみだ，Sumita），委請曾獲建築界最高榮譽普利茲特克獎的妹島和世來打造北齋美術館，館內收藏一千八百多件作品，不只北齋，還有他的門下弟子的作品。

美術館的本來地點係江戶時代弘前藩津輕的宅阺，妹島在二〇〇九年在建築設計的競圖中奪標，二〇一四年七月峻工，二〇一七年就達到頂定來館人數二十萬人的目標，二〇一八年獲得日本建設業連合會第主辦的第五十九回ＢＣＳ獎。

美術館座落在綠町公園內，外表看似一座巨大的銀色金屬量體，由一塊塊五六〇乘以一二〇公分大的霧面鋁板所構成，將周遭環境映射在牆面上，四面皆有如武士刀刻意切出的入口，有如鑽入洞穴之中探索，總計地下一層與地上四層，原本分開的樓面，上升後逐漸合而為一，形成無光害的展覽空間，其實對我來說，妹島和世的作品以輕盈、通透著稱，而北齋美術館這種包覆型的建築設計，倒是我第一回看到。

四樓的常設展裡，還有一處用蠟像重現八十四歲時北齋作畫的場景，旁邊坐著他的女兒，也是畫家的阿榮（葛飾応為）。有趣的是，看著看著，北齋的手指會偶而動一下，不知情者，還會被嚇一大跳。

美術館附近有家「ORI TOKYO Café」咖啡，裝潢得很有江戶時代的氛圍，而「ORI」就是「織り」的意思，織什麼?店內展示一種由法國人 Joseph Marie Jacquard 發明出來的自動紡織機，將北齋的作品重現，裱框成一幅幅織畫，來這裡看畫選購，可以好整以暇的喝杯咖啡，點一份「最中」，消磨一下午，不亦快哉。

美味店家

ORI TOKYO Café

地址：東京都墨田区亀沢 1-3-7

跟著魚夫漫遊

蒟蒻

翻譯蒟蒻也難解

在臺北的老城區，日本時代稱「城內」，現分別隸屬中正與萬華區，有家添財日本料理店是老臺北人愛去的一家店，每回光顧總是先去挖那鍋「關東煮」，裡面有美味可口的紅菜頭、包心菜卷、魚板和蒟蒻，我的年紀上一代的人習慣用日語來點菜，朋友也學著上一代，落上兩句日語菜名，忽然撈起蒟蒻，心中靈光一閃：蒟蒻的英語叫 **Konjac**，日本語讀音こんにゃく（**konniyaku**），那臺語咧？

如按英文維基百科的記載，蒟蒻乃源於中國雲南，生長於亞洲的亞熱帶與熱帶之間，所以英文的 **Konjac** 語源應來自亞洲，且相似於日本的稱呼。

日本出現蒟蒻是在推古天皇（西元五九二～六二八年）時代從中國循朝鮮進入日本。一開始也被當作整腸藥用，一直到了鎌倉時代（西元一一九二～一三三三年）才確立為食品，精進料理中也經常見到這這種食材，但一般的庶民仍然吃不起，要到元禄年間（西元一六八八～一七〇三年）才開始普及。

然而蒟蒻不可生食，採得蒟蒻芋後，洗淨、煮熟、剥皮，再搗爛加入石灰凝固，加水後蒟蒻會像吹氣一樣膨脹起來，變得很有彈性。

蒟蒻是素食，在日本卻有一些奇怪的葷名，諸如：「糟鶏」，指的是鎌倉時代熬煮過並經調味的蒟蒻，意思是如同雞肉般的碎肉；廣島縣廣島市佐伯區湯來町，泡溫泉後記得到街上去嘗一種切成如刺身般的蒟蒻，那叫「山河豚」。

關東和關西在飲食文化上有很多差異，江戶（現在的東京）地區的超市常見「白滝」是把蒟蒻製成絲狀，鋪陳開來有如白色瀑布而得名；在關西，白滝不受到歡迎，而是另一種黑色的「系蒟蒻」比較流行，然而日本人為了推廣蒟蒻，就不分關西、關東，一律定每年的五月二十九日是「蒟蒻の日」，因為「こん（五）にゃ（二）く（九）」兩者音相近，便在一八八九年（平成元年）由「全国こんにゃく協同組合連合会」定下了這一天是種蒟蒻的好日子。

在臺灣，到有關東煮的日本料理店喝兩杯，可是黑白不分，即有白滝，也有系蒟蒻，

食來熱量低、超彈牙，最適下酒。說到食蒟蒻，總是讓我想起藤子不二雄的漫畫《哆啦A夢》裡的「翻譯蒟蒻」，只消吃下那塊長方形的東西，就可以和不同語言的人流利的對話，而且看得懂他國文字、還可解讀電腦語言，最厲害的是連猫、狗等動物的話語都通了，這如果人人都有得吃，那Google翻譯就不必混了，檢定考也可以取消了。

Facebook所提供的翻譯功能也稱「翻譯蒟蒻」，那為什麼是蒟蒻，而不是其他的食物？後來有人推測日文的「翻訳」讀作hon-yaku（ほんやく）和蒟蒻的kon-nyaku（こんにゃく）讀音相近，所以才取這個名。

Google雖稱大神，卻沒臺語翻譯，因此蒟蒻的臺語是什麼？求助於iTaigi（愛臺語）這個

網站，得到粉鳥舅、水浸粿、魔芋、山薯和臺羅（khöng-jiak-kuh）幾種說法，最後一句則是直接借助日語發音，但還有一種「雷公杖」（luî-kong-thn̄g）則是巨花蒟蒻的臺語名稱。

其中「粉鳥舅」一詞遭到一位臺語文教授的否決，認為沒這種說法，且「舅」這個字是臺語藉排灣族的語言而來，本來是「相近於什麼類」的意思，比如臺灣俗諺有句話：「石橋（棘鰆）假頭魠」，石橋是一種棘鰆，在介門綱目科屬種的生物分類中和𩵚魠很相近，乃別稱「𩵚魠舅」，於是這所謂的「粉鳥舅」變成了是像粉鳥的東西，和蒟蒻原形是不一致的。

有人呼「雷公槍」，那是因為蒟蒻在春雷過後會從地底下迅速冒出來，好像雷公拔出來的槍枝一般。

在我所認識的老一輩臺灣人中，直接使用日語或臺羅（khöng-jiak-kuh）者比較多，而我輩中人能把蒟蒻用臺語說出來者也不多了。

美味店家

添財日本料理店武昌店

地址：臺北市中正區武昌街一段 16 巷 6 號
電話：(02)2361-5119

跟著魚夫漫遊

蕎麥麵

新春賀正蕎麥麵

日本小說家池波正太郎有本美食書《昔日の味》，寫得很膾炙人口，他老家在浅草，所以書中提到「並木藪蕎麦」，讓人看了口水直流，我有回去日本，就專程去吃了一趟，滋味果真令人感動。

在日本，過了新年如何和過去的霉運說拜拜，這簡單，來去吃碗蕎麥麵吧。

吃蕎麥麵去霉運，靈不靈？不知道，只知日本人過的是新曆年，除夕指的是每年的十二月三十一日，日文叫「大晦日」，這一天得吃一種跨年的蕎麥麵（年越し蕎麦），因為蕎麥麵的「筋性」沒那麼強，容易剪斷，所以又可象徵將過去一年辛苦煩惱的霉氣給截斷了去，不要帶到即將來臨嶄新的一年；更講究者，還要在麵上撒些金粉或銀粉，因為日語裡そば（soba）還有「身旁」的意思，加了金粉（そばで金集める），從此可以把金錢蒐集在身旁了！

蕎麥麵因其形細細長長所以也主長壽，那麼即能斷霉氣、又能長壽者，作用相當於咱臺灣人的「豬腳麵線」，不過，這一味通常不是年夜飯必備。

蕎麥聽說最初原來是日本人為了饑荒而栽種的食物，可以混合稻米和蕎麥一起煮，叫做「蕎麦掻き」

（sobagaki），有點像我小時候吃到的米羼蕃薯籤飯，現在則成了蕎麥麵屋裡下酒的小菜，變成蕎麥麵則是江戶時代有位朝鮮來京都東大寺的元珍僧教導人們在蕎麥裡加入小麥，使得其中有麵筋而可以製作麵條，這通常是二八比，即小麥占二〇%，蕎麥八〇%。

蕎麵因為不像一般麵條講究有彈性的Q度，所以有些人愛吃冷的蕎麵比較彈牙，大都以諸如竹篩餐具盛來，附有一個小杯子狀的「猪口」，裡面裝有沾醬，食時夾一小口麵條沾進杯內醬汁約三分之一，太深則可惜會失去麵香。

日本的蕎麥據聞有三分之二自國外進口，國內大部分產自北海道，然而最好食材的食材還是在地最好，臺灣的蕎麥始自日本時代，日人於南投竹山一帶栽培，戰後擴及彰化縣二林、竹塘一帶，一九八二年起，二林鎮農會成立蕎麥推廣中心，目前種植面積大約在四十公頃。

採用本地產的蕎麥果來製麵的專門店者，據我所知，臺北有家「二月半」，臺南有家「洞蕎麥」，這些店到了除夕生意特別好，邊吃麵邊呼：「新年快樂啊！」

美味店家

並木藪蕎

地址：東京都臺東區雷門 2-11-9

二月半そば

地址：臺北市中山區中山北路二段 20 巷 1-1 號
電話：(02)2563-8008

洞蕎麥

地址：臺南市南區永華路一段 251 號
電話：(06)265-8798

跟著魚夫漫遊

可樂餅

西洋風大正浪漫

可樂餅裡當然沒有可樂，就像太陽餅裡沒有太陽，其實「可樂」兩個字係來自於法語的「Croquette」，翻成日文為「コロッケ」，到了臺灣居然成了「可樂餅」，譯者的聯想力超強。

可樂餅和豬排、咖哩等三者合起來號稱是日本三大洋食。日本人所謂的洋食可是真正的西洋料理不同，洋食根本就是仿洋人料理，做出適合日人口味的食物，日本明治維新之後，到了一九一二年至一九二六年大正天皇期間，隨著與西方的接觸頻仍，思想氛圍和文化現象都活絡了起來，進入夏目漱石所謂的「大正浪漫」時代，生活諸如吃三大洋食、喝威士忌和到有「女給」服務的珈琲廳去等，都是一種流行。

不過大正末期，世界大戰伊始，物資缺乏，可樂餅只消用馬鈴薯泥裹配料，料理簡單也容易保存而更大受歡迎，至於成為商品販售，要到一九二七年（昭和二年）才在東京銀座出現一家肉店兼賣可樂餅的紀錄。

然而可樂餅也並非得馬鈴薯來製作不可。日本文學

家池波正太郎在他的美食書《昔の味》裡提到他初次嘗到東京銀座資生堂會館裡餐廳的牛肉可樂餅時，因為是用細膩的奶油醬汁包裹肉末炸成的，好吃的滋味，居然讓這位大文豪的筆墨難以形容。

在臺灣，好吃的可樂餅，早期要到臺北七條通去走尋，從前一位娶臺灣老婆的日本人開的小餐館，老闆經常默默不作聲的專心煮食，老闆娘則熱情招呼客人，看來兩人搭擋，胼手胝足經營小店，執子之手，與子偕老，這也是一種浪漫吧，他們家的可樂餅食來皮脆而內餡綿密，真可以吃出幸福的滋味，後來不知何故，有一回再去，大門深鎖，宣告閉店，殘念啊！

臺灣曾經發生過「國產汽車掏空案」，前董事長張朝翔兄弟欠債千億、宣告破產，遭法院判刑，於是一度在臺北市社教館附近的巷子內，穿圍裙賣每份三十元

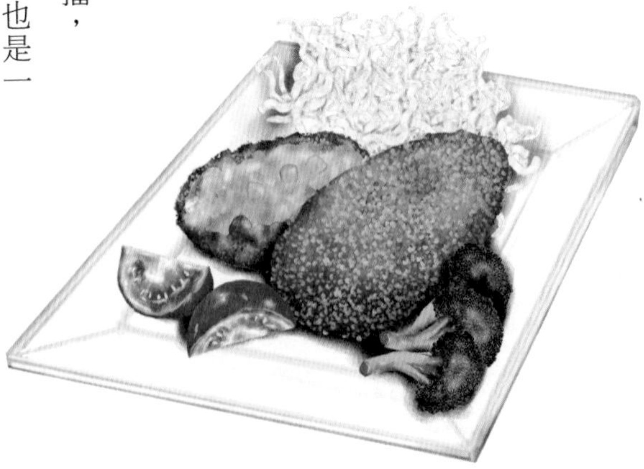

的可樂餅，消息曝光，反而引來債權人紛紛登門討債，只好收攤，這賣可樂餅來償債，只是一場表演，一點都不浪漫。

美味店家

資生堂餐廳（Shiseido Parlour Restaurant）
地址：日本東京都銀座 8-8-3
電話：+81 3-5537-6241

跟著魚夫漫遊

壽喜燒

壽喜燒與皇民化

第一回接觸壽喜燒，猶記得是因為進入電視臺工作，和許多權力場上的人必須有所往來，有點像日本的料亭政治，經常在各大飯店的日本料理店相談，譬如福華飯店裡一九八四年始業的「海山廳」，就常在這裡闢室密談，這家的壽喜鍋特別對我的胃口，至今仍懷念不已，可惜如今已經吹起熄燈號了。

壽喜燒又叫「鋤燒」，有篇論文研究〈鋤燒（スキヤキ）與臺灣知識階層的社群生活〉（二〇一四年十二月，《臺灣史研究》，第二十二卷第四期，曾品滄著）很有趣，探討這種日式料理經由臺灣人知識階層的傳遞，成功的滲入臺灣人的飲食習慣裡，不僅是因為其作為殖民統治階的食物，也是臺灣人學習「日本化生活」的重要部分，這篇論文，真乃奇文也。

現在臺灣很流行的涮涮鍋（しゃぶしゃぶ，shabushabu）源自於日本，據說這個名詞是二十世紀在大阪一家名為スエヒロ（末廣）的餐廳為自己所賣的這種料理命名的，並在一九五五年註冊為商標，那麼就是在戰後傳入臺灣；但在日治時期，日本的鍋物最受當時會講日語的臺籍智識階層所熟知者卻為鋤燒（sukiyaki），這是一種以少取醬汁烹煮食材（牛肉為主），然後加入少量醬汁烹煮食材的火鍋，通常食材包括高級的牛肉切片（例如：霜降牛肉）、大蔥、茼苣、豆腐和蒟蒻等，這些食材會在由醬油、糖與味醂等混合的湯汁中滾煮，然後打上一粒生雞蛋，攪拌均勻當沾醬來享用。

鋤燒的日文原作「鋤焼き」，但同樣發音的「寿喜焼き」，字面看來對臺灣人來說，能長壽又討喜，比較受歡迎。

壽喜燒原原本本就是日本人的創作料理，是一種日式洋食，但可不算西洋料理。日本民族在明治維新以前，全民因宗教戒律而呈半吃素的生活習性，要改變成接受西方的牛肉腥臊，起初也是很難的，他們學者研究發現可能先從「牡丹鍋」過渡而來的。

牡丹鍋約從一萬五千年前的繩文時代就有跡可考，是一種傳統的豬肉火鍋，又因為豬肉切盤後像極了朵朵盛開的牡丹花而得名。如此漸漸的將牛肉採納入和風鍋料理之中，從前不吃牛的日本人也慢慢的可以接受了。

牛肉大約從一八七一年（明治四年）起開始引起日本人的興趣，到了一八七四年（明治七年）左右，牛鍋的賣價，上等一人五錢、普通三錢五厘，一八七五年賣牛鍋的店已然超過一百家了。

日人入臺後，逐步引進日本料理，將屬於統治者的料理方式定義為具有帝國代表性的生活形式之一，用來展現殖民者的文化霸權，顯示統治階級的優越性。不過在上述曾品滄的研究論文中發現臺灣料理文化不易撼動，所以並未如歐洲殖民者對美洲殖民地原住民一樣，發生系統性的壓迫，只是隨著殖民時間拉長，日式飲食文化逐漸溶入臺灣人的家庭之中，在臺南佳里行醫的吳新榮於一九三八年一月寫到，他經常穿著和服，喜歡吃「沢庵漬け」（醃漬切片的黃色菜頭）、味噌、刺身和鋤燒等，這是皇民化如火如荼推行中的一種認同，但也有像文壇老前輩吳濁流那樣在〈先生媽〉的文章中，嘲諷那些早餐不吃油條而食味噌的的皇民化士紳，強調要早餐不吃味噌來抗拒日本文化的壓迫。

現在不管是吃拉麵、喝味噌湯、點壽喜鍋或者來去日本料理店，應該沒有人會說這是要去被皇民化吧？不過從食物去看國族的認同也著實有趣，戰後中國飲食文化也進入臺灣，許多北方食物也改變了本地的飲食文化，簡單說從粥粉麵飯逐漸轉變為餅粥餃麵，日本時代油條只是單吃，戰後北方燒餅來臺，才出現獨步全球的燒餅包油條，這種外來飲食文化所造成的變化差異，不知有沒有更好玩的研究論文會出現？

隼鮨旬料理

板場的飲食文化

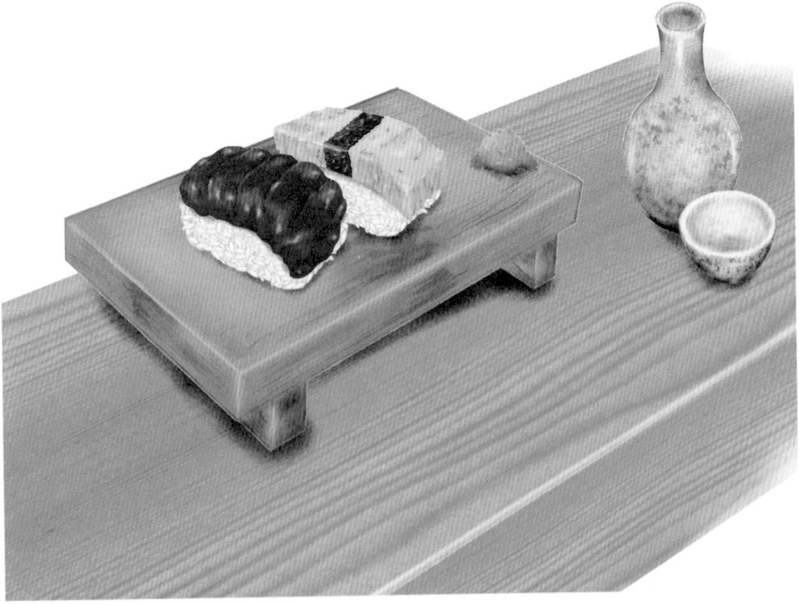

名人詹宏志去品嘗東京米其林三顆星「數寄屋橋次郎壽司」，食物的美味不在話下，他觀察入裡說：「據食評家山本益博的說法，標準的傳統壽司吧檯設計，顧客端的桌面應為兩隻筷子的長度（相當日本尺一尺五寸），壽司師傅的工作檯也是一尺五寸，合計為三尺的寬度，次郎壽司的設計，正是秉持古法。」

壽司吧在日本料理中，我常戲稱那是一種「人機介面」，臺灣人從前稱其為「卡布里」，推測語源可能是かぶりつき（kaburitsuki），指的是劇場裡最前排的位置，詢諸日本友人，則不知卡布里所指為何。一般稱コウンター，是counter的片假名，而日文漢字裡「板前」則是站在「板場」前的主廚，所以壽司吧也有是板場的意味。

食日本料理坐在板場前，那麼像小野二郎這種廚神就可以根據觀察賓客的體態、食量等等，再將食物以最近的距離送到客人面前享用，來客也可以觀察板前精采的料理手法，因此很像人機介面，讓製造者與消費者之間能進行對話。但是現在有很多臺灣的日本料理店總是在中間再架上放魚肉玻璃罩子，如此一來，便跟築了一道牆沒兩樣了。

日本將板場的精神用在鐵板燒裡，烹調

食物就在你面前為之，光欣賞師傅的手路，就已垂涎三尺了。這讓人想起《莊子》裡的一則寓言：庖丁為文惠君解牛，手之所觸，肩之所倚，足之所履，膝之所踦，砉然嚮然，奏刀騞然，莫不中音。合於〈桑林〉之舞，乃中〈經首〉之會，文惠君看得心花怒放，說：「嘻，善哉！技蓋至此乎？」

現在臺北有許多日本天婦羅的支店了，到這種餐廳去品嘗美食，一定要搶到板場的位置，為什麼？因為不但能就近聞到油炸的香味，還可以聽到劈劈啪啪的油炸聲響，保證胃口大開。

廚師在能夠站到板場前，必得受過很辛苦的訓練，站了上去，也得依諸如煮方、椀方、次板到花板等位階慢慢爬，這種飲食文化，也只有日本料理才有的了。

美味店家

隼(はやぶさ)鮨 旬料理

地址：臺北市松山區富錦街松山區 105 號
電話：(02)2547-2017

跟著魚夫漫遊

杏子日式豬排屋
吃出勝利的滋味

現在日式豬排飯有很多家攻進臺灣市場了。這豬排或有翻成吉列豬排者，考其語源落落長，起初是法語的côtelette，相當於英語的cutlet，意思是將牛、羊、豬肉帶骨的背肉和裡脊肉等切成背肉形，日文翻成カットレット（kattoretto），最後衍變成カツレツ（katsuretsu），也就是漢字「吉列」的來源了。

明治維新後的日本人開始開洋葷，但所謂洋食其實不等於西洋料理，其實是依日本口味及飲食習慣慢慢發展出來，大概和用片假名翻譯英文一樣，是獨步全球的日式英語。

日本人從前是個半吃素的民族，主要的蛋白質從魚類而來，四隻腳吃不得。一八七二年明治天皇咬下第一口獸肉後，改變了日本國的命運，其間還發生「御嶽行者」一行十人潛入皇居死諫維持禁止肉食的傳統，其後日本人「何不食肉糜？」的爭辯歷經數十年，到了一八九五年，東京銀座的洋食店「煉瓦亭」正式推出豬肉排（ポークカツレツ，pokukatsuresu），跟天皇食肉已然有二十幾年的光陰了，不過這家元祖級的老店還在，至今仍是許多愛嘗鮮的臺灣人得去朝聖的所在。

現在日本人稱豬排飯為とんかつ（tonkatsu），這是將日本漢字「豚」（ton）和英語cutlet兩字結合起來的新名詞，但因為かつ的發音和日文裡「勝つ」一樣，代

表勝利的意思，所以凡我莘莘學子欲金榜題名，在考試期間就要多吃豬排飯才會出運，甚至有甚至有「カツ丼食べて勝負に勝つ！」（吃豬排飯勝出）之說，可見豬排飯之在考生心目中有著等同臺灣文昌帝君的神威。

進到臺灣的日式豬排飯愈來愈多，然而，要好吃的構成條件很多，豬肉品質要好是首選。日本鹿兒島有一種盤克夏豬，這是出自英國的豬種，肉質質甜美、產豬仔性低而著稱，這豬種早期傳入中國，曾被翻譯成漢字的巴克縣豬、中黑豬或六白豬，這所謂的六白豬，指的是全身皆黑，但鼻子、尾尖和四肢則呈白色，而且是日本鹿兒島的招牌特產。

我曾經去過鹿兒島，當然得一嘗傳說中的六白豬，這種豬肉纖維較細，表面布滿大理石般的花紋，且入口綿密；其次是保水性高，肉質彈性極佳，同行的美食專家說，嘗來甘甜顯然是中性糖與氨基酸不低，而且脂肪融點高，更是極品。

那麼這就有趣了，食材最好就近取材，在地最好，如果樣樣都是舶來，那也是造成地球暖化的元凶之一。豬排飯跟肉燥飯一樣，其主食為米飯，因為臺灣有舉世無雙的蓬萊米品種，才能將滷肉的香甜焄出來，吃果子拜樹頭，這要感謝日治時期的日本稻作專家磯永吉和末永仁的努力。

其次豬肉必得千中選一，只是若從日本進口，那成本就大增，可是臺灣找得到鹿兒島六白豬嗎？

臺北有家日本「勝博殿日式豬排」連鎖店就是取用臺灣大成集團育成來自鹿兒島的盤克夏豬，取名為「桐德黑豚肉」，養在屏東的新埤，另外，飯後的紅豆甜點，也取自於屏東萬丹的良品，太好了，對於故鄉屏東的我來說，這還真讓我有吃出勝利的滋味了。

美味店家

銀座杏子日式豬排（微風信義店）

地址：臺北市信義區忠孝東路五段 68 號 4 樓
電話：(02)2725-3339

跟著魚夫漫遊

日清泡麵的基因

泡麵之父安藤百福

有一回在日本橫濱參觀一家「安藤百福發明紀念館」，這是紀念日清企業創始人安藤百福以及旗艦產品的展示館。

現場別展出全球第一包隨太空人登上太空船的泡麵，換句話說，如果遇見月球上的嫦娥，就可以拿出名為「Space Ramen」的泡麵，可是因為沒了大氣壓力，開水很難煮沸，這個免驚、大丈夫です啦！本品七十度即可沖泡，且精心設計雖然不能像吃拉麵那般呼嚕呼嚕的吸，但用蛋白黏好的一團團小口慢慢享用，保證美味しい喲！

一九一〇年，天有異象，「（哈雷）慧星撞地球」又來了，於是在臺灣嘉義樸子誕生了日後所謂的「泡麵之父」吳百福，但他自幼父母雙亡，乃由在臺南經營布料批發店的祖父母照顧長大，二十二歲自創一家處理針織品的公司，生意給他做了起來，進一步到大阪去闖蕩。

吳百福也就是後來入籍日本的安藤百福。當年日本之行，起初也做得有聲有色，不久卻因商業操作，最後賣掉所有事業，留下大阪府池田市自宅。

關於日清泡麵的開始研究，按官方版本，是他在自家的庭園建立小工房研發出來的，一九五八年八月二十五日量產，從此一炮而紅！現在紀念館裡刻意以模型重現當年情景。

二〇〇八年安藤百福召開了「世界拉麵高峰會議」，確立他至高無上的泡麵之父的地位。不過他的「靈光一現」，傳聞其實因為他

在府城長大，肯定知道早期臺南意麵為了保存更久，唯油炸一途，所以是從炸意麵而得到啟發的。

最後一說，屏東人張國文的後人宣稱擁有日本國所核發的泡麵專利證明，當年張國文在大阪讀書，因吃了母親所寄來原產臺南的「雞絲麵」後激發出來的創意，也確曾開店販售，後來以兩千三百萬日圓將專利祕方賣給了安藤百福，因此那「發明人」之說仍有許多爭議。

日清泡麵的DNA之爭，這就像親生與認養的問題，很難說誰的功勞最大？然而如今吳百福或張國文的後代都已歸化日本了，但就血統之源，攏是臺灣之光啦！

美味店家

安藤百福發明紀念館

地址：日本神奈川縣橫濱市中區新港 2-3-4

跟著魚夫漫遊

第4個十年

五十而回味

大三元酒樓

伊麵意麵辨雌雄

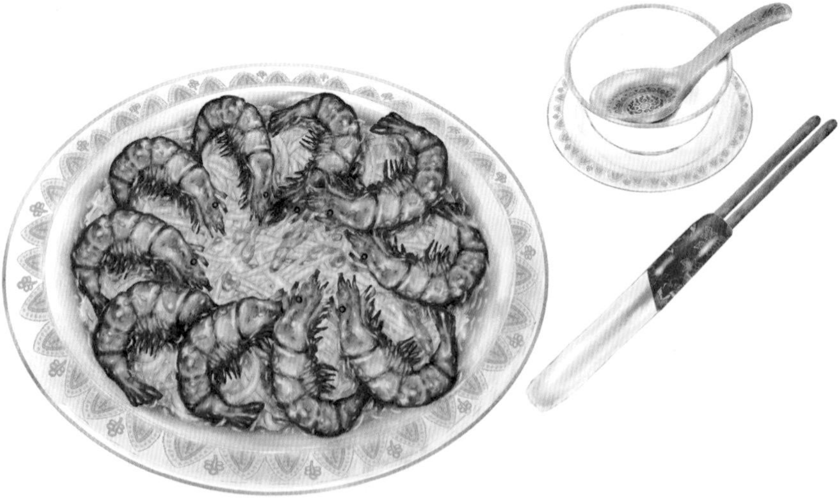

臺北的大三元酒樓曾獲米其林評價為一星級的餐廳，雖然是粵菜，卻羼有臺菜風味於其中，譬如海鮮焗木瓜、鮮茄大鮮鮑、苦茶油雞湯等，但只消端來「上湯焗中蝦」，那濃郁的廣東味道就出來了。

上湯焗中蝦在蝦子下方鋪有伊麵，等於浸在上湯和蝦汁中，食來特別甘甜。而伊麵者，有一天，遇見一位成大退休的邱教授，他寫了許多臺南的大小事，相談甚歡，老前輩乃寄來一篇文章，引經據典說：「伊麵與揚州炒飯都是從伊秉綬的府裡研發出來的。伊府麵簡稱伊麵，臺灣則叫『意麵』，當是訛音之故。早先在臺灣製作伊麵者，多為汕頭人，今有將伊麵逕名『汕頭麵』，也是錯誤的……」又說：「至於是怎麼從伊秉綬的府裡研發出來的？傳說不一，有說是家僕跌跤，賀壽麵條散落一地沾滿塵土，家僕情急智生將麵油炸一過，不料大獲好評，因此流傳。」

其實「伊麵」還有一則傳說比較衛生，不是從地上檢起來的，而是伊家的廚師不小心將拌攪雞蛋的麵條放入沸油的鍋鐺中，然後硬著頭皮澆入高湯上桌，反而因此受到好評，由於這伊府經常設

宴款待貴賓，伊秉綬乃授意製成麵團，油炸後晒乾收藏，遇有宴席，加入高湯，羼入佐料，即成一道美饌。

伊秉綬係清朝汀州寧化人（今中國福建省境內），後來在廣東惠州當官時發明了這種先炸後煮的麵，這麵大為流傳，菜館裡叫「汀州伊麵」或「廣府伊麵」，是中國五大著名麵食之一。

所謂伊麵來臺後被訛音為「意」麵，東真如此，那為什麼在中國福建寧化或廣東一帶就不會走音？美食作家唐魯孫回憶民國時期「北平」中央公園「春明館」還有一位師傅專門負責炒伊府麵，與一般館子大大不同，果為麵中之王！且香港現在仍有「伊府麵」「伊麵」等忠實的保存原名，這北傳北京，南傳廣東，都不走音，偏偏就是臺灣不跟人家唱同調？

在臺南，到處都在賣意麵，諸如福州意麵、汕頭意麵、鹽水意麵、關廟意麵、鍋燒意麵，儘管麵條做法不同，寬細不一，統統自稱是意麵；意麵引進臺南，或說福州、或說廣東，日治時期曾擔任《臺灣民報》記者的黃旺成（菊仙）遊福州，在

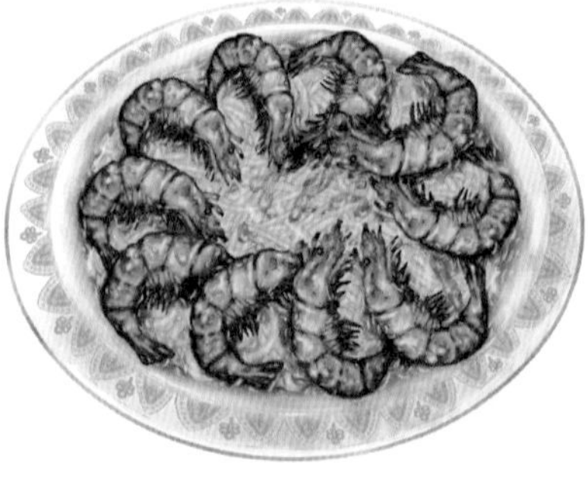

他的日記裡記載一九一九年三月十八日記載至「畫南軒食意麵」，看來福州果真早有意麵乎？

連橫在一九三二年成書的《雅言》裡也曾提到「伊府麵」，不過那是要在「酒館」裡才有，係一斤麵粉要加四個蛋的高級麵條。

那就有趣了，連橫是臺南人，怎麼不把伊麵寫成意麵，卻還得去酒館裡才有？臺南官方有部出版品《南瀛小吃誌》，委由許獻平著作，他經過田野調查指出，鹽水意麵是由一位福州人黃忠亮在一九二三年開始販賣的：

黃忠亮（一九〇七～一九五八），福州人，綽號泰寺仔，十六歲時離鄉背井，隻身來臺討生活，落腳於時稱「鹽水港」的鹽水鎮。因見當地並無人販賣麵，便以他大陸習得的製麵技術，設攤販賣意麵。時為日治時代，麵粉採配額制，有配給就製成麵販賣，無配給時則賦閒在家。甚至，在日治末期，因推行皇民化運動，而被視為外國人、非皇民，曾被吊銷麵攤牌照，不得營業。

雖然如此，但福州來的外國人黃忠亮的意麵仍大受歡迎，鹽水意麵也逐漸打出名號來，可是為什麼叫意麵呢？依「鹽水區農會」的說法：

「意麵」是臺南市很獨特的一項小吃！臺灣的意麵發源地其實在鹽水，當初福州人在鹽水，創出意麵的製作方法，故名為「福州意麵」，其實就是福州人在鹽水做出來的臺灣意麵，在福州，反而見不到福州意麵。

所以取名「意麵」乃是在擀麵時必須出力，原稱「力麵」，而因出力時發出「噫、噫」的聲音，故沿用為「意麵」。

我住在臺南已有十年以上的歲月，意麵不知道吃過多少，結論是意麵不一定是跟鹽水的做法一樣，只不過臺南人似乎習慣不管什麼都可以叫做意麵，反而像大三元粵菜裡的那道上湯焗中蝦裡的伊麵，在府城，未之見也！

美味店家

大三元酒樓

地址：臺北市中正區衡陽路 46 號
電話：(02)2381-7180

跟著魚夫漫遊

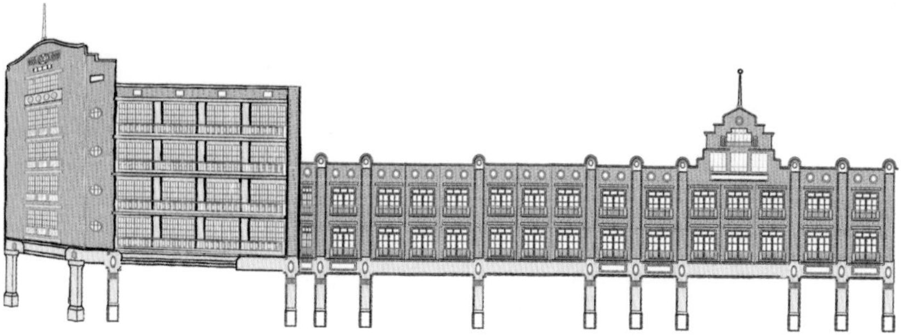

咖啡

鄭成功與咖啡館

咱們經常在討論臺灣飲食文化時，都會提及鄭成功，在臺南尤其如此。譬如虱目魚是因為鄭成功沒吃過，初嘗之際，驚呼這是「什麼魚」，才轉音成虱目魚，實則連橫《臺灣通史》中記載：「臺南沿海事以蓄魚為業，其魚為麻薩末，番語也。」番語指的是平埔族語衍變而來，虱目魚的本來讀音是「麻薩末」，到菜市場去，老一輩的還保留這個音，總而言之，許多關於鄭成功和飲食文化傳說，大都是穿鑿附會的。

不過鄭成功家族倒是和咖啡文化有關係的。鄭成功的母親是日本人，他們家族和日本關係密切，他有位姪兒叫鄭永寧在幕府裡擔任通譯，育有三子：鄭永邦、鄭永昌和鄭永慶，這鄭永慶在一八八八年（明治二十一年）在東京開了一家咖啡館，名喚：「可否茶館」，可否發音かひ（kahi），日本人接觸咖啡是荷蘭人帶來的，起初人們也不知如何翻譯荷文「koffie」，於是百花齊放，「可否」「骨喜」「骨非」「可非」「加喜」等均指咖啡，如今的「珈琲」據說來自於幕末一位蘭學家宇田川榕菴的翻譯，他認為咖啡豆和樹枝像極了女人用的髮簪，珈就是簪上的花飾，琲則是連接

簪的玉石，乃以此形容。

鄭永慶的咖啡館後來倒閉了，究其因時機不待，但到了明治晚期至大正浪漫時期，咖啡逐漸風行起來，一九一一年，水野龍在東京銀座開了一家「カフェーパウリスタ」（Café Paulista，原意是聖保羅之子，但有人翻成老聖保羅咖啡館），水野龍在十九世紀末期因為移民巴西，發現當時該國的咖啡豆價格大跌，乃低價引進日本，推行平價咖啡，現場有「制服給仕」服務，又得早稻田大學創辦人大隈重信的資金支持，且因為靠近朝日新聞社、電通本社、帝國飯店和外國商館的密集區，集天時地利人和遂成為新聞記者、文人雅士最愛出沒的場所，日本名作家諸如芥川龍之介、德田秋声、正宗白鳥、宇野浩二、久保田万太郎、広津和郎、佐藤春夫、水上滝太郎、吉井勇、菊池寛、谷崎潤一郎……都很喜歡來這裡泡上一段時間。

奥大利作家Peter Altenberg有句名言：「如果我不在家，就是在咖啡館；如果不是在咖啡館，就是在往咖啡館的路上。」他所愛的咖啡館就是維也納的「中央咖

啡館」（Café Central），我去的時候看見一進門就有座作家的木雕像，不覺莞薾，其實我還聽聞除了列寧、托洛斯基，更有那大哲學家維根斯坦、心理學家佛洛依德等等都曾經在這裡喝出許多學問來。

日文裡也因為 Café Paulista 的緣故而出現「銀ブラ」（Ginbura）的詞，意思是到銀座去「踅（seh）街」，那是慶應義塾大學生之間的流行語，暗示來去喝杯咖啡啦！好事者如我，也曾在銀座逛大街時走進咖啡店裡湊熱鬧，只是現在的店是一九七〇年「復刻」的，本店則在一九二三年的關東大地震後閉店許久。

美味店家

カフェーパウリスタ（Café Paulista）

地址：日本東京都中央區銀座 8-9

跟著魚夫漫遊

湯飯與茶泡飯

美食進化的距離

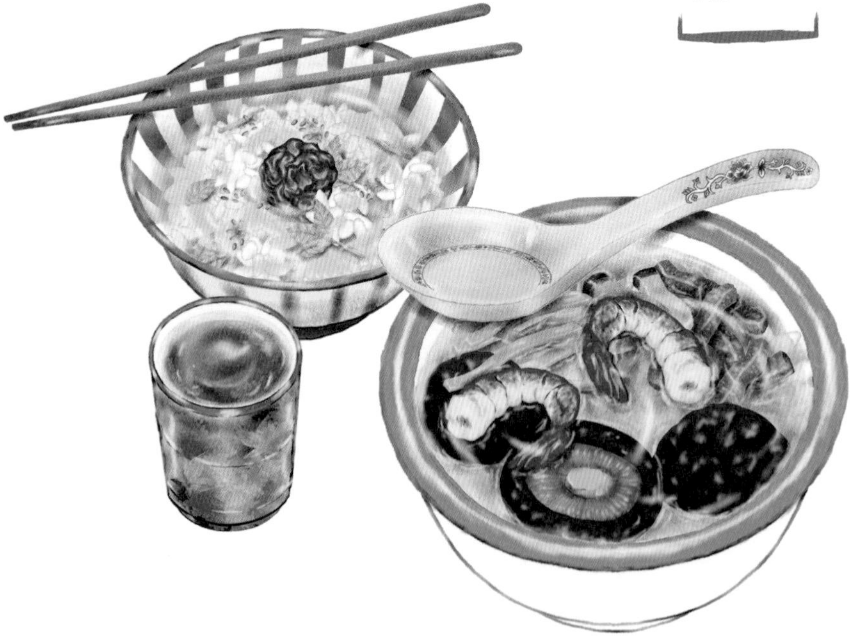

茶泡飯和豬排可以配在一起嗎？有一回我到東區的SOGO百貨樓上，一家「伊勢路勝勢日式豬排」店，就有這樣的セット（套餐）。

每遇茶泡飯，就常讓我想起家鄉屏東林邊隔壁庄的東港，臺灣古為瘴癘之地，著名的東港迎王（tang-káng ngiâ ông）三年一科，玉皇大帝會派五位千歲爺來掃蕩瘟疫、驅除惡靈，這時候地方上就會展開「東港迎王平安祭典」，最後的高潮是燒王船，讓千歲爺有交通工具可以押著那些五四三的出海去。

迎王的祭典裡各地蜂湧而來的人潮很驚人，東港人也很慷慨，來者無論何人，一桶桶飯湯招待食免驚的啦。

飯湯得就地取材，大抵以旗魚肉、蝦猴、烏麻筍、魚板、三層肉和芹菜等為主，人們但知東港有鮪魚祭，不知旗魚也是大宗，著名的旗魚黑輪據說就是從東港開始的，賣到臺北的龍山寺旁廣州街夜市，生意也是沖沖滾。

蝦猴既像肚猴（螻蛄）又像蝦，是東港美食諸如肉粿、飯湯的重要添加料；東港靠海，宜種植烏麻筍或稱烏腳綠竹筍，如此這般林林總總羼在一起煮成熱湯，食時淋在蒸熟的白飯上，即為飯湯。

這種飯湯也有宅配包裝，東港的朋友寄來一大箱，我經常大口啖之，但許久都吃不完。

婧某的家鄉在臺南，也有飯湯，但內容全不相同。臺南的飯湯食材是香菇、蝦、肉條和筍等的組合，高齡的創辦人說，這是日本時代，有位臺灣人跟日本師傅學的，再傳授給他，其次還有一味鮑魚粥，但因為食材價格昂貴，已經不做了。

這可有趣了，臺南飯湯居然有日本血統！基隆廟口夜市有家賣鹹粥的，我見其日文翻譯是ぞうすい（zousui，雜炊），雜炊在日文版的維基裡大抵是醬油、味噌等調味料，再加上肉類、魚介類、香菇、野菜等拌飯一起煮，這和一般臺灣的粥品講究從生米煮起的「半粥」是不同的，當然也不是飯湯，說成日本雜炊，似乎言猶未盡。

日本料理中製程比較像飯湯的是茶泡飯（茶漬け，或譯茶漬飯），不過他們淋的是茶，這聽說是從前武士們出征，常只吃白飯就去打仗，為了補充不足的養份，乃將茶倒入飯中攪拌來吃，茶漬け這個詞在平安時代（約西元七九四～一一八五年間），就出現在諸如《枕草子》和《源氏物語》等文學作品裡了。

「茶漬け」臺灣翻成茶泡飯，就像天婦羅翻成甜不辣、關東煮譯為黑輪一般，變成廉價的「銅板美食」，其實在平安時代「茶漬け」就演變成僧侶與貴族的高級食物了，畢竟當時的茶葉很稀有，再經過千年的進化，日本人精益求精，美味的絕招就在「出汁」（だし，dashi）。

出汁大約就是咱們說的「湯頭」的意思。茶漬け的湯頭茶為先，所以才有專為茶漬け精煉的宇治茶和抹茶等，現更發展出多種品相的專門店，讓人不只目不暇給，還食指大動。

老實說，飯湯雖然也是我的最愛，但我們飲食文化上還是落後日本一大截，因此不禁要問：「何時我們的銅板美食才能進化成高級料理？而不是只能做做小吃的生意而已。」

美味店家

伊勢路勝勢日式豬排 SOGO 復興店

地址：臺北市忠孝東路三段 300 號
電話：(02)8772-9822

跟著魚夫漫遊

一風堂

麵的寬細有玄機

二〇一七年中國有位歌手吳亦凡，他在麵館裡表演，客人要求來一段即興的說唱，他望著客人桌上的一碗麵，靈光一閃，隨口用 **Hip-hop** 的自由形式，唱出：「你看這個麵它又長又寬，就像這個碗它又大又圓，你們來這裡吃飯，覺得飯很好吃，我看行，你們來這裡吃飯，就像我給你們拉麵一樣開心……」這一段即興演出，竟就此走紅起來了！

吳亦凡的 **Hip-hop** 影片裡，當時他手上扯了一條很寬的麵條，通過揉、抻、甩、扯的動作製作成寬度可以比擬古人的褲帶，又叫褲帶麵，麵送上桌來有油潑，油潑裡夾辣椒，是陝西、山西一帶常見的寬麵；麵的名字叫做「**biáng biáng miàn**」，有漢字，但筆畫很繁複，電腦也打不出來，臺灣人可用注意符號「ㄅㄧㄤˊㄅㄧㄤˊㄇㄧㄢˋ」來讀，當然，在臺北也吃得到，木柵就有家「江記水盆羊肉」有很道地的「**biáng biáng miàn**」。

相對於寬麵者為細麵。日本一風堂來臺後，現在去全國各地的分店裡，桌上擺著一面小立牌，講解「為什麼要加麵（替玉）」：

極細麵的產生，源自於九州博多漁港，剛開始為了因應漁民漁販的忙碌節奏，故採用極細麵來加速煮成。而現在流行的博多風豚骨底，多數是搭配極細麵，因為極細麵本身很容易就會被湯浸軟浸爛，繼而影響口感。為了解這個問題，傳統做法是一開始不會放很多麵，大約是一百到一百二十克，讓客人早點吃完，減低麵條浸湯的影響，吃到差不多就來「替玉」，即是加麵，師傅在碗中放入新鮮煮好的麵，客人就能繼續享受軟硬適中的口感，整體口感比一口氣放兩個麵好得多。

讀過這一段文字後，恍然大悟原來寬麵不易煮熟，怪不得我偶到一家熟識的麵店，老闆總是哀求說：「不要在我忙的時候點寬麵啦！」想來這寬細之間有這麼大的學問，不知 Hip-hop 唱不唱得出來？

美味店家

一風堂

地址：臺北市中山區中山北路一段 85 號
電話：(02) 2562-9222

跟著魚夫漫遊

泡麵
旅途的美味仙丹

被日本人稱為「賺錢之神」的臺灣人邱永漢，不但理財手段高，一張嘴也很刁，是東瀛典型的グルメ（gourmet，美食家），他曾為文提到，雖然吃過各國許多不同的食物，但如果碰到料理不合口味，只消拿出隨身醬油淋上去，便立刻可以讓那道菜立刻起死回生。

不過在我的印象中，不只醬油，有一回邱永漢先生還多說了一樣仙丹式的調味料叫味素。還有一位同意醬油好用的人叫謝長廷，從前我和他在電臺聊美食，他也是留日的，和邱永漢觀點一樣，讓我印象深刻。

早期到西方各國旅行，在吃的方面真的很幸苦，多待了一些時候，就想念起臺灣的滋味，一瓶醬油豈真能解思鄉之愁？在歐美旅行，尤其到了冬天更辛苦，有回在阿姆斯特丹，天寒地凍，找了很久，居然發現一家中華餐廳賣雲吞麵，那麵來了，捧在手心先搶喝一口湯，直直暖至心窩裡，心中大呼：「此物只應天上有，人間難得幾回見？」

對我來說那「燒燒一碗麵」肯定賽過醬油的。年輕時第一回到美國西雅圖，時差讓我無法入眠，撐到早上已飢腸轆轆，開始懊

惱行囊裡忘了帶泡麵，便出門去覓食，找到了一家韓國人開的雜貨店，居然有泡麵！這肯定是上帝聽見我的祈禱了；還有一回，跟團去夏威夷，導遊和旅行團混了幾天，忽然靦腆的宣布：「誰家有帶臺灣的泡麵來？導遊跟你們買！」所謂烽火連三月，家書抵萬金，海外一包臺灣泡麵，大概比家書更貼心。

從前搭華航，機上備有宵夜泡麵，頗受臺灣旅客的歡迎，稱讚這是「暗室裡的美味與趣味」，絕對算得上天空中的小確幸，後來卻因成本考量不再供應，實在令人扼腕。

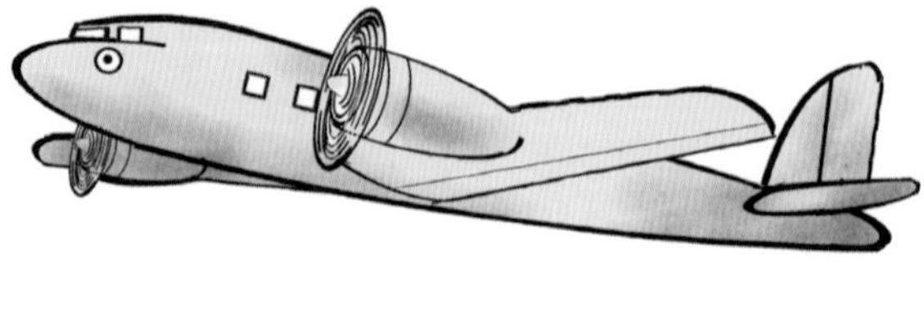

然而現在出國早已不必再帶泡麵了，西方國家出現東方的食物愈來愈多，大型的購物中心應有俱有。我聽聞在中國稱霸多年的康師傅方便麵也面臨很大的挑戰，一來是消費升級，健康意識抬頭，另一則是網路平臺，要點什麼現做的都有，也隨叫隨到，泡麵者也，Passé了。

魚料理

食欲之秋來食魚

秋天來了，食欲大開，所謂「食欲之秋」其實是日本漢字，不過到了秋天，大地漸涼，天氣不再炎熱，許多食材也都著時了，當然不能包山包海談，只是在魚類裡，凡尾巴長成剪刀狀者，到了秋天尤其體態豐腴、數量龐大。在臺北，秋刀與鯖魚上場，秋刀魚其實臺灣的捕獲量甚大，二〇一四年漁貨量位居全世界第一，這時便是更大燒烤酒場和居酒屋裡酒客下酒的佳餚了。

至於鯖魚，宜蘭的南方澳是生產重鎮，從一九九八年起到九月就會舉辦「鯖魚祭」，製作大型鯖魚模型去踩街，到今年已經是第十二「尾」（屆），隊伍還請社區媽媽熱情舞蹈、邊走邊跳，又舉大漁旗來個旗正飄飄，再派出彩色油桶鼓隊，一路鬧熱滾滾的在小鎮上遊行，讓外來的民眾深深感受南方澳的討海文化。

臺灣人開始食鯖，那是捕抓的技術進步與罐頭工業的出現。在我印象中最出名的就是臺北雜貨店或超市裡常常見到、有著以老漁翁圖為記、註冊商標的「同榮魚罐」了，其中蕃茄汁鯖魚罐頭，外表雖分紅、黃兩色，其實內容都一樣，買來早餐配白粥，臺語說最「四配」（sù-phè）。

臺灣料理鯖魚，除了鹽烤鯖魚之外，鯖魚握壽司是最常見的了，這在秋風吹起，臺北的日本料理店也經常出現；再來則是鯖魚漬飯、味噌鯖魚或鯖魚定食。譬如日本來的「大戶屋」連鎖店就有鯖魚定食，用炭火燒烤，有趣的是居然強調採用挪威鯖魚，本來日本鯖魚油脂含量在八％到十％之間，堪稱美味了，但人家挪威的大西洋鯖，含量居然高達二十％，這就把日本鯖給比下去了。

臺北有家「丼賞和食」的丼料理專門店有一種自慢鯖魚丼，很誇張的將對剖烤好的鯖魚攤開來橫跨在丼碗上，這也未免太霸氣了。

臺灣話稱鯖魚作花連、青飛（輝）或花飛（輝），日語則是さば（saba），這是從日文中「小」（さ，Sa）和「齒」（ば，ba），以鯖魚的牙齒小而多呼之。

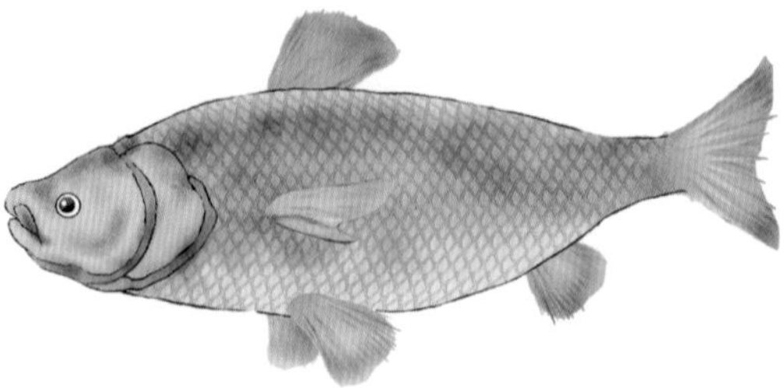

秋刀魚三個漢字其實也通用日文，取其秋天是盛產期，且身長約四十公分，細長如刀之意，至於後來被稱作さんま（sanma），又有一說：語源來自「さまな」（samana，狹真魚）形容其外表狹長，後來也被內化為臺語的「sàn-bah」。

雖然臺灣的秋刀漁獲曾世界第一，只是這魚也是日人的最愛。日語裡有「秋刀魚出，按摩業就可以隱退了」（秋刀魚が出ると按摩が引っ込む），意思是吃秋刀魚會讓身體健康，比按摩還有用！不只如此，他們還用秋刀魚來作詩歌、拍電影來，入秋之後東京目黑車站附近也會舉辦「目黑秋刀魚祭」，除了遊行外，也當場提供數千尾免費炭烤秋刀魚，如果再來一杯清涼的冰啤酒，那就會讓很多人都感到「幸せ」（shiawase）了。

秋刀魚的烹調之道，除了鹽烤外，日本料理中

還有諸如連骨都可以吃的佃煮秋刀魚、熟成秋刀握壽司、秋刀魚昆布卷等，現在臺、日食物交流多了，這些美味一到秋天都可以在臺北的餐廳裡發現。

臺北有家「旬採鮨処」也有秋刀魚料理。店家使用旬採一詞來當店名，就是很自豪所選食物都很當令、著時，我聽聞老闆也常帶著大廚去日本見學觀摩，如此厚工，因為自豪是臺北高級日本料理店。一般秋刀魚在臺灣給人的感覺是路邊燒烤的下酒，但「板前」到了秋天來臨，卻會大膽端出秋刀魚來，截其豐腴身段料理而成，強調這是日本進口秋刀魚，和臺灣本港相比，身形圓滾，且少斑點，健康許多，所以才端上桌來啦。

好吧，話不多說了，食欲之秋來去食魚。

美味店家

大戶屋（微風臺北車站）

地址：臺北市中正區北平東路 3 號 2 樓
電話：(02)2331-9337

跟著魚夫漫遊

阜杭豆漿
早餐桃園三結義

臺北永和有家「世界豆漿大王」，一九五五年，由一位山東人李雲增在離開部隊後找來軍中袍澤一起創業，這家店不管我是在報社或電視臺工作，熬夜工作通霄達旦後，便拖著疲累的身子先去吃過再回家補眠，每回都看到一群「老芋仔」分工合作，用鄉音交談得不亦樂乎，生意一大早就沖沖滾！

來店交關，我通常點燒餅包油條，再來一杯豆漿。咱們現在看到的燒餅是長方形，狀似古代官員上朝手持的朝笏，而有朝牌餅（又作「潮牌餅」）的稱呼，發展到今天南北做法大不同，北部率皆使用高溫烤爐，質地較為鬆軟，不像南部是炭烤缸燒，食來頗富嚼勁，想來北部是中國北方的做法，南部者，梁實秋曾經寫過一篇〈燒餅油條〉的文章，說「現在臺灣的燒餅油條，我以前在北平還沒見過。」一直至「後來我到了上海，才看到細細長長的那種燒餅，以及菱形的燒餅……」照他的描述，燒餅細細長長者，江蘇鹽城阜寧一帶著名的朝牌餅也，菱形者，三角餅也，這些燒餅後來也都隨著國民黨政府再撤退而進入臺灣，但在中南部比較常見。

上海見到的燒餅，一般通稱草爐餅，用小麥

乾草或柴草，旺火燒至高溫來製作。

中國民初作家張愛玲曾經為「草爐餅」寫過一文形容十里洋場裡燒餅小販叫賣的場景：

「二次大戰上海淪陷後天天有小販叫賣：『馬……草爐餅！』吳語『買』『賣』同音『馬』，『炒』音『草』，所以先當是『炒爐餅』，再也沒想到有專燒茅草的火爐。賣餅的歌喉嘹亮，『馬』字拖得極長，下一個字拔高，末了『爐餅』二字清脆迸跳，然後突然噎住。」

張愛玲以為「草」是「炒」，沒想到真是燒柴草來製作。草爐餅的爐子要用大口的砂缸，諸如古早時代常見的大水缸，將底部敲空當爐門，然後取柴草把缸膛燒個通紅，待火候已夠，再將餅坯往爐壁上貼，未幾，香噴噴、熱騰騰的草爐餅就出爐了。

然而，上面所說的製程已經鮮之見也。如今是用特製煤炭當火源，清爐後放入缸中，電動鼓風使其大火熊熊，再添燃媒，先以文火烤乾餅坯，再用武火催熟，文武火的控制有測溫計來幫助判斷，過程已無從前製餅那麼令人熾熱難耐了。

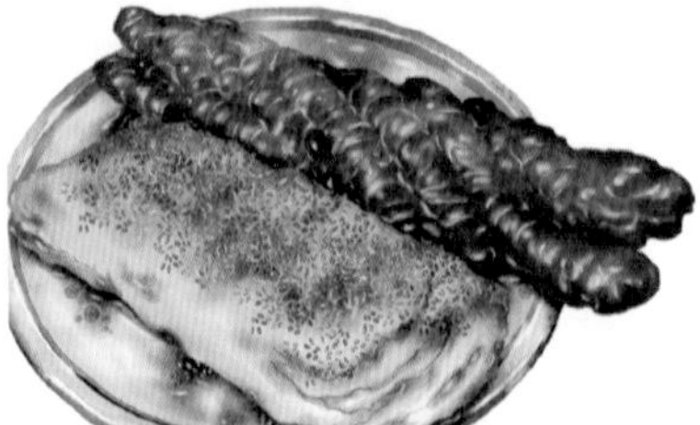

古有劉、關、張桃園三結義，今食朝牌餅常夾油條、配豆漿，三者在早餐店

裡總是形影不離，可是從前在中國北方，住在北平的梁實秋說他嘗到豆漿是十四歲、北京滿人的美食家唐魯孫也曾說過：「北平的油條，是兩股一擰，炸成長圓形，跟現在臺灣擎天一柱的油條，完全兩樣。」考究起來，這三者顯然是渡海來臺才結拜的，竟成豆漿店裡不成文約法三章的組合，如此佳緣，野史稱：「新桃園三結義」！

有一回在中國遇見了臺灣豆漿店，走進店裡，竟然也有燒餅、油條、豆漿三結義，看來劉關張反攻大陸去了！在臺灣，有家「阜杭豆漿」自從被米其林必比登推薦後，我有回去華山市場發現人潮洶湧活了起來，啥？原來是來喝豆漿和燒餅油條啊！真是行行出狀元。

美味店家

阜杭豆漿

地址：臺北市中正區忠孝東路一段 108 號（華山市場二樓）
電話：(02)2392-2175

跟著魚夫漫遊

肉粽
追尋古早媽媽味

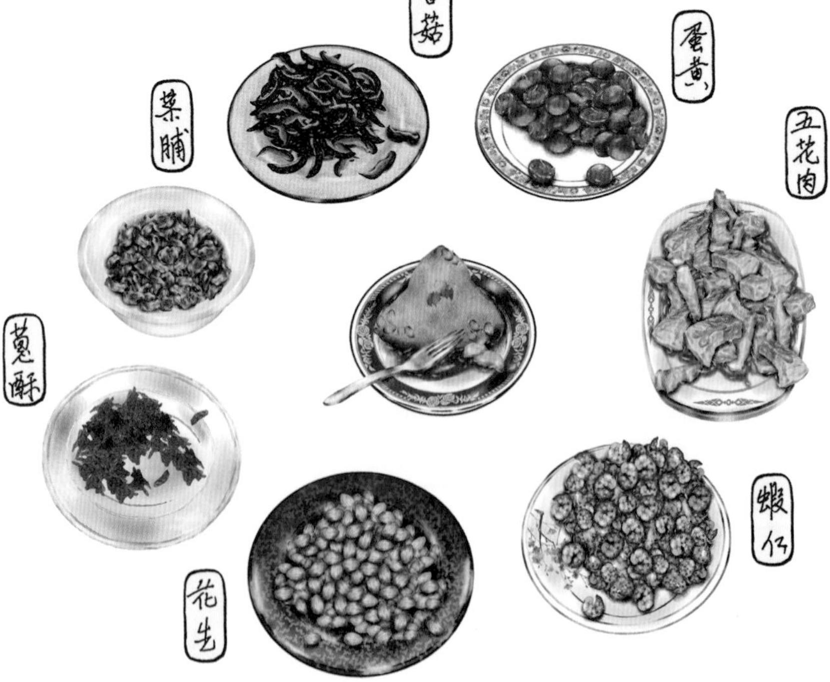

五月有母親節，而我的母親大人年事已高，不再做菜，只好在臺北街頭尋找那種媽媽的古早味。

先祖林坤係遷臺第六代，在屏東大鵬灣養鴨致富，祖厝在田家厝，宅院周圍以松柏竹梅四座花園鎮制四個角落，其中有兩座通連的四合院，依四亭三十二房七十六門遵古建構，家族規模驚人，當時林家從臺南請來一位總鋪師和拳頭師，福州師教女人做菜，拳頭師當然就是教男人功夫，保衛家園了。

祖父不但因此學會了拳腳功夫，打起拳來虎虎生風，而且還把易牙之道給學會了，後來搬出祖厝，戰後因三七五減租、耕者有田等政策而家道中落，祖父乃在市場前方的住宅旁擺攤賣起鹹粥和香腸熟肉等，母親大人是剛嫁過來的媳婦，也很認命的來幫忙烹調，另請一位平埔族的原住民來洗碗，祖父不但善於易牙之道，亦因功夫底子夠，中氣十足，大喝：「鹹粥哦！」，便召來許多饕客前來品嘗，生意沖沖滾。

賢慧的母親嫁為人婦，因為跟著「大官」（祖父）做生意，乃學會了做各式鹹粥，諸如芋頭粥、筍絲粥等等。後來搬到臺北和我同住，因為是煮給家人吃，便不惜成本，下料特別

豐富，我除了大快朵頤外更以手繪，眼耳鼻手全到齊，方知母親的愛心無微不至，用自炒的蔥頭酥和蝦米爆香，有時更加進香菇、芹菜珠，再者花枝切片、剝皮蝦仁、竹筍、魚丸，少了其中一樣，絕不出手，每回母親大人說要煮鹹粥，則全家大大小小莫不鼓掌歡呼，一鍋鹹粥出爐，三兩下一掃而空。

鹹粥之外，母親大人還會切來三兩份小菜，黑豬肉三層是必備，油漬漬的，望之垂涎三尺；豆干較費事，得先滷個好幾小時才能上桌，人生得享如此美味，真是幸福得難以言喻！

每逢端午佳節，母親大人必包粽子，從為人妻、為人媳、為人母到現在六十餘年了，從未間斷，不只令祖父食指大動，父親在往生前，知道自己日子不多，亦須忌口，卻還央求母親包粽子，從前我看父親大啖粽子，非四、五粒以上，絕不善罷甘休，然後撈上兩碗竹筍湯，咻咻咻的兩大碗下肚，說是調中益氣助消化，頻呼過癮。

我也愛吃這味粽子，惜食量沒父親大，只能拚個兩、三粒，但仍意猶未盡，空餘恨力有未逮，不過從前只消孩子們放學回來，便歡聲雷動，書包未擱好、手沒洗，就來探抓粽子，討打之後，一大串粽子，不一會兒功夫，如蝗蟲過境，寸草不留。

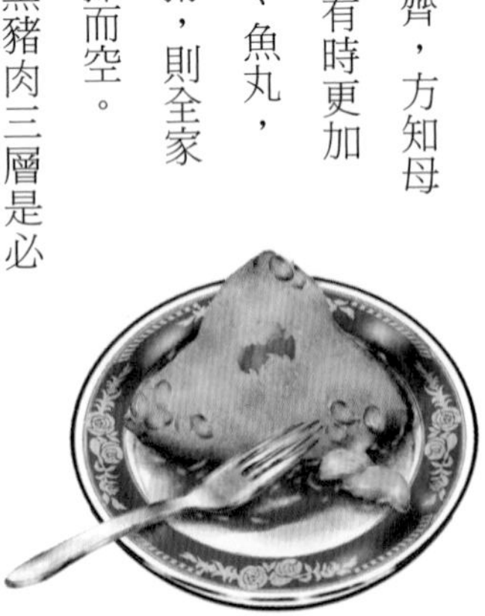

於是這包粽子乃成了孩子們負笈國外前，或返國後，母親必備的家鄉味。我們家的孩子有些在國外求學，時常念著阿嬤的粽子，出國前要吃粽子，取其「包粽」，返臺後，必吃粽子，則有一解思鄉之苦的作用，粽子的美味，乃成為我們家安定的力量之一。

粽子在臺灣，南北做法不同，吾家乃南部水煮粽，先選長糯米浸泡後，去其表面殘渣，先洗米，其次用香菇爆香出汁，再將上等胛心肉炒入汁內，濾其湯汁，用來在文火炒長米時攪拌，使其吸收均勻，盡得肉香精華。

另外，雲林上等土豆、硬心蛋黃、自家爆的蔥花、蝦米等均得備妥，包粽子時要紮緊不外露，露餡則水煮時會崩解形狀，滋味盡失，然後放入滾水中燜煮一個多鐘頭，乃大功告成！

南部粽包法與北部粽不同，鹹粥更是相異其趣，當然，現在臺北什麼都有，不過大都要到大稻埕、艋舺去找才有，我偶而會在這些老社區裡挖到寶，心中那種雀躍，實在難以言喻。

放眼全世界，像臺灣這樣，任何一個城市要上山下海車程不超過一小時者，鮮之見也，譬如現在咱們要來去北投了。

於山中食詠而歸

北投山中美食

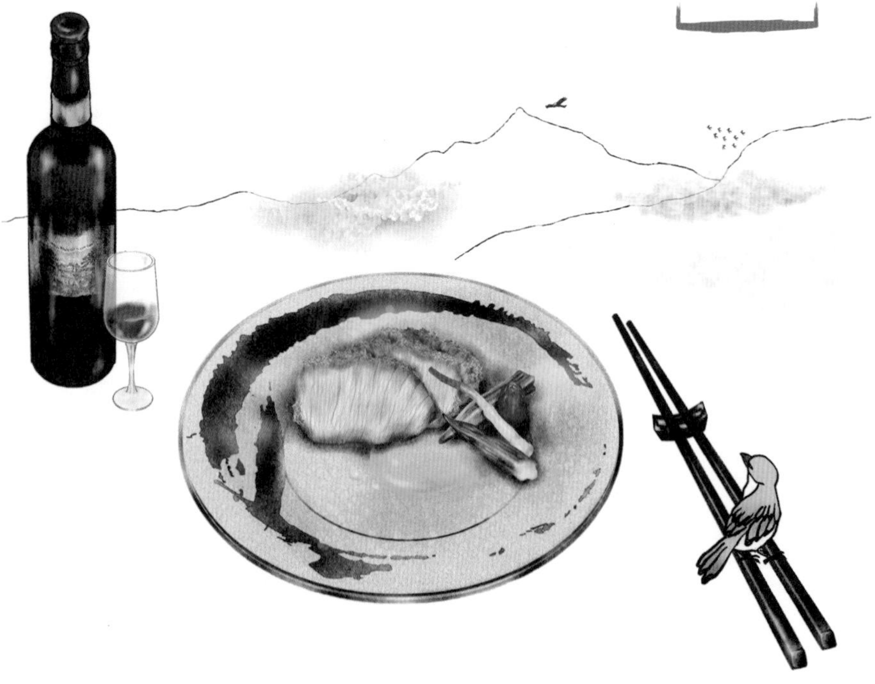

臺灣的溫泉開發史要從北投說起，發現者咸認為是平田源吾（一八四五～一九一九）。他在一八九五年自大阪渡海來臺，暫居基隆，當初是想來臺發大財，向總督府申請開挖金礦，卻吃了閉門羹，可是在作發財夢期間，平田其實也很認真探勘，也因此受了許多傷，而且腳氣病發作，當時基隆也沒什麼醫生，他聽說臺北附近山上有溫泉，可以療傷，不顧當時陸路鐵道都尚未完成，當下雇船到臺北，借住辰馬商會支配人河東利八君處所，一八九五年的十一月二十五日確認大屯山有溫泉，便動身前往，後來病不但痊癒了，還開了全臺第一家溫泉旅館「天狗庵」。

到了一九〇一年止，除了天狗庵，陸續出現北投星之湯、松濤園、偕行社等相繼成立，另一方面，平田也找上了臺灣總督府鐵道部運輸課長村上彰一，要安置一座守護北投的神佛的聖地，這也就是後來普濟寺湯守觀音的故事，和岡本要八郎發現北投石為同一年。

北投的故事足以發展成一門北投學，所以一旦上山不只泡溫泉，還可以看古蹟、賞美景等，從市區出發，車程不遠，今日且來去山中一遊。

「少帥禪園」者，可將北投溫泉區盡收眼底，亦可遠眺觀音山和關渡平原，更有美饌可以享用，不過在開飯前，最好先來泡個溫泉，或於溫泉泡腳池中作一足浴，乃有子曰：「浴乎沂，風乎舞雩，詠而歸」的境界，但不必急走，訂好的午宴，不妨細嚼慢嚥，渡過一個悠然見南山的下午。

店家取少帥名，指的是張學良自被蔣介石軟禁後，曾經有兩年時間幽居於此。這處的建築始於一九二〇年，原是日治時期北投高檔旅館「新高旅社」，後來太平戰爭爆發，便成了招待自殺式攻擊神風特攻隊成員的最後饗宴之所。

如今的「少帥禪園」刻意將美食與少帥連結起來，編製「漢卿美饌」。漢卿是張學良的字，食譜主題圍繞在少帥與趙四小姐幽居歲月的主軸，當然是要令人發思古之幽情，所以主菜上桌，便來

盤「長壽雙寶」暗喻兩人木公金母，長春不老；接著為「少愛最愛蝦」，然後在轉換口味之際，來道「趙四玫瑰醋飲」，再端上痲油魚肉「隱食第一鮮」，然後是「山居好野味」（雞肉），其後乃湯品「幽禁歲月百歲湯」，食魚食肉之際，也要「趙四獨門蔬食」來調和油膩的感覺，最後進入「少師私房甜品」與「寶島四季鮮果」謝幕，據聞少帥口味清淡，總體組合乃走禪風意境，吃巧為主。

少帥禪園附近有座「北投文物館」，占地約八百坪，北投文物館的前身是始建於一九二一年的著名的「佳山旅館」，在日治時期為日本軍官俱樂部，建築係傳統木造日式町屋，門口另有一間獨立的別館，入內有著典雅庭院，隔間中，大廣間尤其值得一看，可容納近百人，在日本時代，應是可供宴席與觀賞藝妓表演的場所，其餘隔間，也經常舉

辦諸如茶道、陶瓷、漆器等展示，分主題展示廳和常設展示廳，其展品經常令人驚豔。

館內有家餐廳名為「怡然居」，是利用三間和室客房空間來設計，提供懷石料理和好茶品茗，有份菜單書寫小缽、前菜、煮物、焚和、燒物、食事、碗物、甘味、果物等，有趣的是，其中「焚和」是將深海疣鯛魚、日本冬粉、甲仙某頭、青物混煮，看來等同於日人所謂「炊合せ」，不同食材混煮的意思，所以好像應寫成「焚合」才對。

享用坐佳餚時，乭走出門外有玻璃屋和觀櫻臺，近觀丹鳳山，遠眺觀音山，美食、美景、名物都有了，盍興乎來！

美味店家

少帥禪園

地址：臺北市北投區幽雅路 34 號
電話：(02)2893-5336

跟著魚夫漫遊

臺灣旅遊廚房

臺灣的食物基因

講到食物的基因就很敏感，譬如有些早餐賣豆漿的業者，常常強調是使用非基改的大豆來製作，不過，今天咱們卻偏要來尋找帶有臺灣基因的食物。

汐止的夢想社區裡有家「Amy 的旅行廚房」，很早以前朋友曾經邀我一起去品嘗，那天來了位紐西蘭的藝術家，他雖然不是什麼名廚，可是愛烹調，便來個臺、紐美食協奏交響曲，倒也獲得前來嘗味者的熱烈掌聲，這種跨國交流據說經常在這裡舉行；還有另一種料理方式，Amy 喜歡到世界旅行，並搜羅各國的特色食譜，讓生命中的每一天充滿挑戰，返國後，便試著以臺灣食材做出該國的味道來。

最近在臺北迪化街遇見「臺灣旅遊廚房」。八十二號的歷史建築，可以找到大稻埕「左官」（さかん，泥瓦匠）「開模印花」技術的建築基因，捨雕而從塑，先用油土塑型，再將石膏或水泥等裝飾材料注入模型，乾

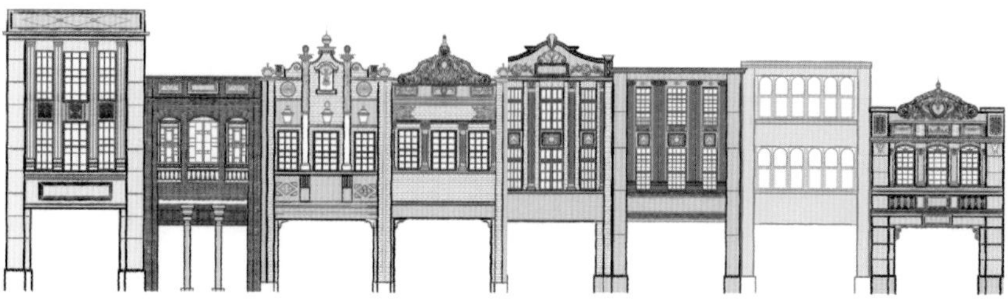

硬後取出，做出美麗的裝飾，所以在三樓窗下的檻牆則開模印花取月桂葉、鳥兒和垂花飾的浮塑做出鑲嵌畫的效果來，看來賞心悅目。

人們到了一個城市旅遊，總會到處看看、到處吃吃，迪化街的建築式樣可以歸類在五種以上，也經常讓參觀者嘆為觀止，許多房子背後的故事，又見證了臺灣近代經濟的發展；在飲食上，迪化街這家旅遊廚房企圖打破「一連串被給定的意義」，而是希望觀光客在吃食時，吃的並不是食物的本身，而是一連串經過編好的符碼，這些符碼是各種意識與價值的總和。

因此除了大稻埕的導覽，也在三樓的廚房裡展演臺菜的文化課程，邀請觀光客來體驗製作臺菜的課程，詳解每道菜的意義。其中有道櫻花蝦米糕，櫻花蝦在全世界只有日本靜岡、臺灣宜蘭、東港才

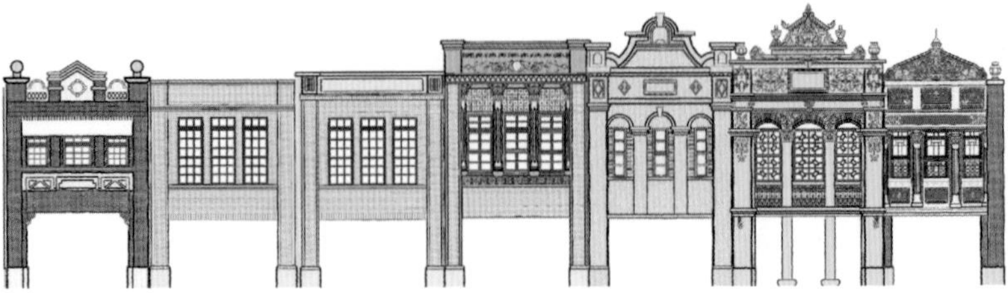

有；米糕用的米是國產臺中秈十號米，口感接近日本人發明的蓬萊米，但軟硬度非常適合臺灣人的味口喜好，經過這樣的編碼，就把食物的臺灣基因找出來，烙印在外國觀光客的腦子裡了，如此返回居地，便不只回憶，還有實際的做法了。

美味店家

Amy 的旅行廚房

地址：新北市汐止區民族二街 95 號
電話：(02)2692-1313

臺灣旅遊廚房

地址：臺北市大同區迪化街一段 82 號 3 樓

美味店家地圖索引

西門町・萬華

忠孝西路
北門
臺北車站
01
02
延平南路
館前路
公園路
開封街
03
04
重慶南路
中山南路
武昌街
05
西寧南路
中華路
06
228和平公園
衡陽路
07
西門站
08
09
寶慶路
總統府
華西街
西園路
昆明街
陽街
16
10
14
15
貴陽街
12
桂林路
11
13
龍山寺
愛國西路
愛國東路
17
廣州街
18
中正紀念堂站
寧波東街
內山公路
龍山寺站
羅斯福路

【西門町・萬華】

❶小南門點心世界

地址：臺北市中正區北平西路3號
（微風臺北車站）
電話：(02)2389-3029

❷大戶屋（微風臺北車站）

地址：臺北市中正區北平東路3號2樓
電話：(02)2331-9337

❸原中華商場溫州大餛飩之家

地址：臺北市萬華區西寧南路63-3號
電話：(02)2382-2853

❹張家清真黃牛肉麵館

地址：臺北市中正區延平南路21號
電話：(02)2331-2791

❺鴨肉扁土鵝專賣店

地址：臺北市萬華區中華路一段98之2號
電話：(02) 2371-3918

❻添財日本料理店武昌店

地址：臺北市中正區武昌街一段16巷6號
電話：(02)2361-5119

❼阿宗麵線

地址：臺北市萬華區峨眉街8-1號
電話：(02)2388-8808

❽大三元酒樓

地址：臺北市中正區衡陽路46號
電話：(02)2381-7180

❾老王記牛肉麵

地址：臺北市中正區桃源街15號
電話：(02)2361-6496

❿一肥仔麵店

地址：臺北市萬華區貴陽街二段230之1號
電話：(02)2388-0579

⓫中華餡餅粥

地址：臺北市萬華區昆明街211號
電話：(02)2371-3417

⓬趙記山東饅頭

地址：臺北市萬華區西寧南路277號
電話：(02)2371-3510

⓭張記韭菜水煎包

地址：臺北市萬華區中華路一段200號
電話：(02)2311-4719

⓮昶鴻麵點

地址：臺北市萬華區華西街15 號
電話：0982-187-604

⓯阿義魯肉飯

地址：臺北市萬華區華西街151號
電話：0958-860-213

⓰阿猜嬤甜湯

地址：臺北市萬華區華西街3號
電話：(02)2361-8697

⓱東港旗魚黑輪

地址：臺北市萬華區華西街夜市仁濟醫院前

⓲真北平餐廳

地址：臺北市中正區寧波東街1號
電話：(02)2396-9611

大稻埕

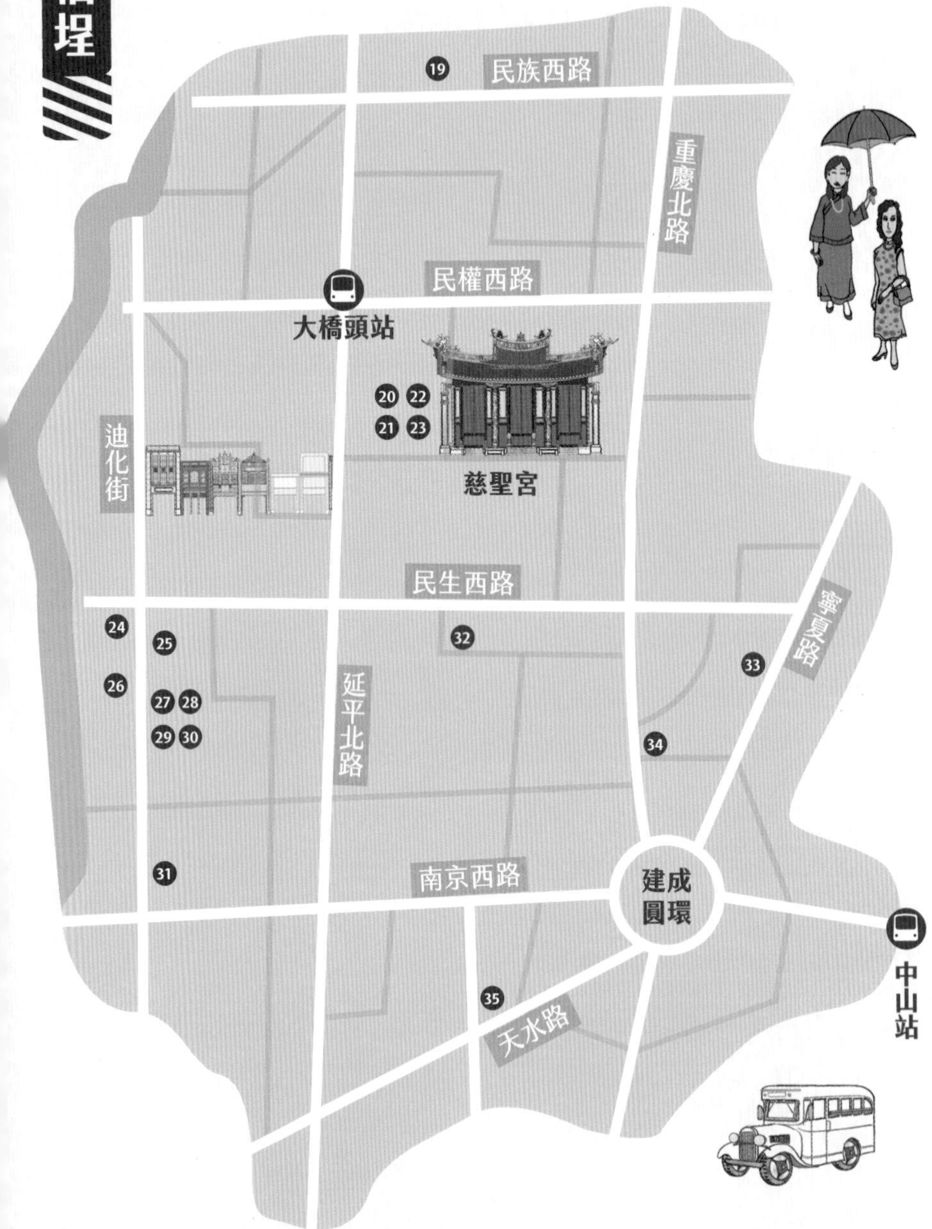
民族西路
重慶北路
民權西路
大橋頭站
慈聖宮
迪化街
民生西路
寧夏路
延平北路
南京西路
建成圓環
中山站
天水路
19
20
21
22
23
24
25
26
27
28
29
30
31
32
33
34
35

【大稻埕】

⑲迪化街老麵店
地址：臺北市大同區迪化街二段215-8號
電話：(02)2598-1388

⑳臺北大稻埕慈聖宮前美食
地址：臺北市大同區保安街49巷17號前

㉑魩仔魚炒飯
臺北大稻埕慈聖宮前美食
地址：臺北市大同區保安街49巷17號前

㉒魷魚標
臺北大稻埕慈聖宮前
地址：臺北市大同區保安街49巷17號前
電話：0922-111-682

㉓阿桂姨原汁排骨湯
地址：臺北市大同區保安街49巷
電話：0928-880-015

㉔妙口四神湯
地址：臺北市大同區民生西路388號
電話：0970-135-007

㉕枝仔冰城大稻埕店
地址：臺北市迪化街一段69號
電話：(02)2555-5118

㉖臺灣旅遊廚房
地址：臺北市大同區迪化街一段82號3樓

㉗顏記杏仁露
地址：臺北市大同區迪化街一段21號
永樂市場1204室
電話：0916-838-987

㉘林合發油飯
地址：臺北市大同區迪化街一段21號
電話：(02)2559-2888

㉙民樂旗魚米粉
地址：臺北市民樂街3號（永樂市場旁）
電話：0933-870-901

㉚臺南魠魠魚羹
地址：臺北市民樂街1號（永樂市場旁）
電話：(02)2558-8658

㉛條仔米苔目
地址：臺北市大同區南京西路233巷3號
電話：(02)2555-2073

㉜波麗路西餐廳
地址：臺北市大同區民生西路314號
電話：(02)2555-0521

㉝圓環邊蚵仔煎
地址：臺北市大同區寧夏路46號
電話：(02)2558-0198

㉞三元號滷肉飯
地址：臺北市大同區重慶北路二段11號
電話：(02)2558-9685

㉟金春發牛肉店
地址：臺北市大同區天水路20號
電話：(02)2558-9835

城中・城東

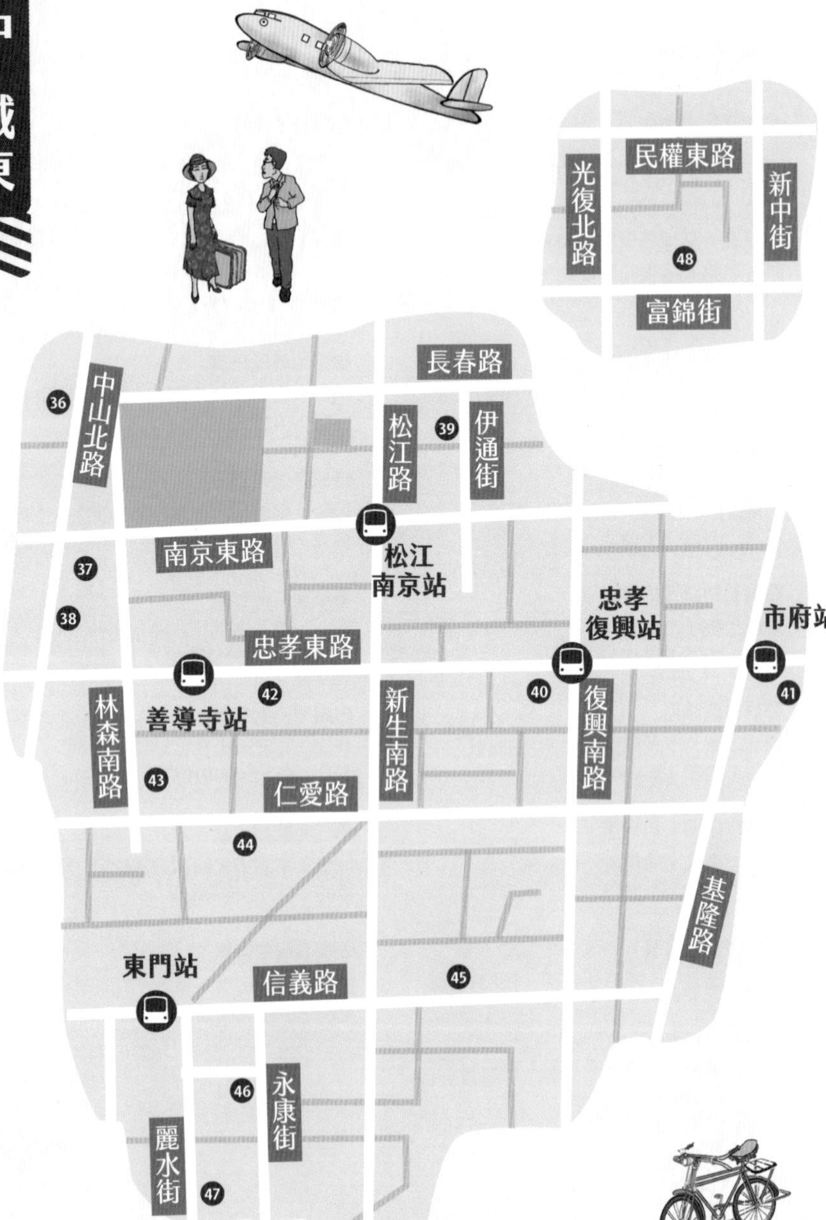

民權東路
光復北路
新中街
48
富錦街
長春路
中山北路
36
松江路
39
伊通街
南京東路
松江
南京站
37
38
忠孝
復興站
市府站
忠孝東路
善導寺站
42
40
41
林森南路
新生南路
復興南路
43
仁愛路
44
基隆路
東門站
信義路
45
46
永康街
麗水街
47

【城中・城東】

㊱二月半そば

地址：臺北市中山區中山北路二段20巷1-1號
電話：(02)2563-8008

㊲肥前屋

地址：臺北市中山區中山北路一段121巷13-2號
電話：(02)2561-7859

㊳一風堂

地址：臺北市中山區中山北路一段85號
電話：(02) 2562-9222

㊴胡記通化街米粉

地址：臺北市中山區伊通街104號
電話：0989-965-725

㊵伊勢路勝勢日式豬排SOGO復興店

地址：臺北市忠孝東路三段300號
電話：(02)8772-9822

㊶銀座杏子日式豬排（微風信義店）

地址：臺北市信義區忠孝東路五段68號4樓
電話：(02)2725-3339

㊷阜杭豆漿

地址：臺北市中正區忠孝東路一段108號（華山市場）
電話：(02)2392-2175

㊸龍門客棧餃子館

地址：臺北市中正區林森南路61巷19號
電話：(02)2351-0729

㊹山海樓手工臺菜餐廳

地址：臺北市中正區仁愛路二段94號
電話：(02)2351-3345

㊺元香沙茶爐

地址：臺北市大安區信義路三段35號
電話：(02)2754-2882

㊻天津蔥抓餅

地址：臺北市大安區永康街6巷1號
電話：(02)2321-3768

㊼吳留手

地址：臺北市大安區麗水街5之9號
電話：(02)2396-0680

㊽隼（はやぶさ）鮨 旬料理

地址：臺北市松山區富錦街105號
電話：(02)2547-2017

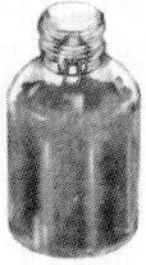

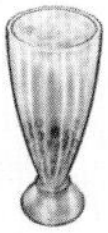

國家圖書館出版品預行編目資料

魚夫人間味：邊吃邊說四十年 / 魚夫著. -- 初版. -- 臺北市：圓神, 2019.12
272面；14.8×20.8公分 --（圓神文叢；265）

ISBN 978-986-133-703-6（平裝）
1.飲食 2.文集
427.07 108017053

Eurasian Publishing Group
圓神出版事業機構
用心與你對話・視野無限寬廣
圓神出版社
Eurasian Press

www.booklife.com.tw reader@mail.eurasian.com.tw

圓神文叢 265

魚夫人間味：邊吃邊說四十年

作　　者／魚夫
發 行 人／簡志忠
出 版 者／圓神出版社有限公司
地　　址／臺北市南京東路四段50號6樓之1
電　　話／（02）2579-6600・2579-8800・2570-3939
傳　　真／（02）2579-0338・2577-3220・2570-3636
總 編 輯／陳秋月
主　　編／吳靜怡
專案企畫／賴真真
責任編輯／林振宏
校　　對／林振宏・歐玟秀
美術編輯／潘大智
行銷企畫／詹怡慧・林雅雯
印務統籌／劉鳳剛・高榮祥
監　　印／高榮祥
排　　版／莊寶鈴
經 銷 商／叩應股份有限公司
郵撥帳號／18707239
法律顧問／圓神出版事業機構法律顧問　蕭雄淋律師
印　　刷／國碩印前科技股份有限公司
2019年12月　初版

定價 340 元　ISBN 978-986-133-703-6